ポイント解説

ジャイロセンサ技術

多摩川精機 [編]

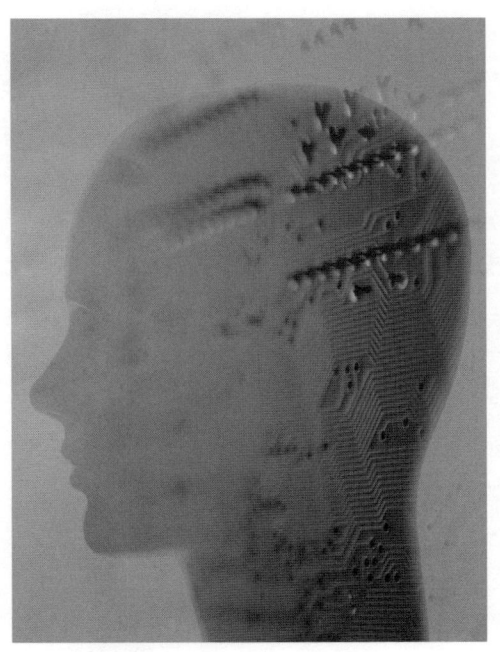

東京電機大学出版局

はじめに

　ここ10年は，ジャイロの世界が大きく変わった時代のように思われる．ジャイロの象徴でもあった「こま」の存在が，年々危うくなってきている．ドイツで毎年開催されているジャイロ学会があり，ジャイロの世界では，最も知られた学会の1つである．その学会から，「こま」のジャイロを扱う論文がすでに見られなくなった．ところが，実際のジャイロの製造現場ではまだ「こま」のジャイロの生産は続いており，今後も必要とするプログラムには残るものと考える．

　しかし，新規プログラムに対応する設計現場では，「こま」のジャイロを提案する機会が明らかに減っており，近い将来，「こま」のジャイロが消え去るのではという不安を感じている．この10年間は，サニャック効果を使った光ジャイロ，コリオリ力を使った振動ジャイロといった，「こま」を使わないジャイロが台頭してきた時代である．

　"ジャイロはむずかしい"と，ジャイロを使用するユーザーの方々からよく聞いた．「こま」の力学，ジンバルの複雑な構造，座標変換，慣性航法理論などの理論が初めての人にとって難解であり，やさしい解説書はないかというものであった．これらの理論体系はジャイロの原理が変わっても，応用理論はまったく同じである．

　近年では，「こま」を使わないジャイロが普及してきたことにより，寿命が長くそして安価なジャイロが世に出ることになった．ジャイロが従来の主要用途であった防衛産業用に加えて，民需産業へと用途が広がっている．それに伴い，ジャイロの新たな用途を開発する技術者が年々増えていくものと思われる．

　このような方々を対象に，本書ではジャイロの原理，役割，用途および応用上でポイントとなる考え方を記述してみた．読者が本書によってジャイロの応用に関わる技術の全体像を理解していただいて，さらに専門的なジャイ

ロならびにその応用に関する技術文献および専門書へと関心が広がることになれば，筆者としては望外の喜びである．

2001年10月

　　　　　　　　　　　　　　　　　　　　　筆者代表　坂本　修

追　記

　本書は2002年の初版発行以来，（株）工業調査会から刊行され，幸いにも長きにわたって多くの読者から愛用されてきました．このたび東京電機大学出版局から新たに刊行されることとなりました．本書が今後とも，読者の役に立つことを願っています．

2011年4月

　　　　　　　　　　　　　　　　　　　　　筆者代表　坂本　修

目 次

はじめに ……………………………………………………………………………… 1

第1章 ジャイロとは

1.1 序　論 …………………………………………………………… 10
 1.1.1　ジャイロの性能 ………………………………………………… 10
 1.1.2　「こま」のないジャイロ ……………………………………… 11
 1.1.3　ジャイロと傾斜計 ……………………………………………… 13
 1.1.4　ジャイロの用途 ………………………………………………… 13

1.2 ジャイロの歴史 ……………………………………………… 14
 1.2.1　ジャイロ開発史 ………………………………………………… 14
 1.2.2　ジャイロ開発の歩み …………………………………………… 17

1.3 ジャイロの原理 ……………………………………………… 18
 1.3.1　慣性とプリセッション ………………………………………… 18
 1.3.2　コリオリの力 …………………………………………………… 25
 1.3.3　サニャック効果 ………………………………………………… 27

1.4 プラットホーム方式ジャイロとストラップダウン方式ジャイロ …… 31
 1.4.1　プラットホーム方式ジャイロ ………………………………… 32
 1.4.2　ストラップダウン方式ジャイロ ……………………………… 33
 1.4.3　ジャイロの比較 ………………………………………………… 35

第2章 ジャイロの原理・機能・構造

2.1 ジャイロの分類 ……… 38

2.2 原理・機能・構造 ……… 40
- 2.2.1 2自由度姿勢ジャイロ ……… 40
- 2.2.2 2自由度角速度検出ジャイロ ……… 48
- 2.2.3 1自由度角速度検出ジャイロ ……… 52
- 2.2.4 コリオリの力を利用したジャイロ ……… 56
- 2.2.5 サニャック効果を利用した光学式ジャイロ ……… 63

第3章 傾斜計と加速度計

3.1 序 論 ……… 86

3.2 傾斜計 ……… 87
- 3.2.1 振子型傾斜計 ……… 87
- 3.2.2 液面傾斜計 ……… 87

3.3 加速度計 ……… 89
- 3.3.1 圧電型加速度計 ……… 90
- 3.3.2 ストレンゲージ（ひずみゲージ）型加速度計 ……… 90
- 3.3.3 サーボ型加速度計 ……… 91
- 3.3.4 磁性流体型加速度計 ……… 92
- 3.3.5 SAW型加速度計 ……… 93
- 3.3.6 振動型加速度計 ……… 93
- 3.3.7 半導体型加速度計 ……… 94
- 3.3.8 液体ロータ型角加速度計 ……… 95
- 3.3.9 円柱ロータ型角加速度計 ……… 96

第4章 性 能

4.1 性能の表し方 ……… 98
4.1.1 用語説明 ……… 98
4.1.2 性能の見方 ……… 102

4.2 誤差要因 ……… 103
4.2.1 2自由度姿勢ジャイロ（機械式角度検出ジャイロ）の場合 ……… 103
4.2.2 機械式角速度検出ジャイロの場合 ……… 103
4.2.3 コリオリの力を利用したジャイロの場合 ……… 104
4.2.4 サニャック効果を利用した光学式ジャイロの場合 ……… 105
4.2.5 サーボ加速度計の場合 ……… 105

4.3 誤差補正 ……… 106

4.4 性能評価 ……… 107
4.4.1 2自由度姿勢ジャイロ（機械式角度検出ジャイロ）の場合 ……… 107
4.4.2 角速度検出ジャイロの場合 ……… 107

第5章 慣性基準装置

5.1 慣性基準装置 ……… 112
5.1.1 慣性基準装置の特徴 ……… 112
5.1.2 慣性データの求め方 ……… 113
5.1.3 慣性基準装置選定の要点 ……… 117

5.2 姿勢・方位基準装置 ……… 118
5.2.1 姿勢・方位基準装置の原理 ……… 118
5.2.2 姿勢・方位基準装置の信号の求め方 ……… 119

5.3　慣性航法装置 ……………………………………………………… 121

5.4　ハイブリッド慣性航法装置 ………………………………… 122
　　5.4.1　ハイブリッド慣性航法装置の特徴 ………………… 122
　　5.4.2　ハイブリッド慣性航法の方式 ……………………… 123

第6章　ジャイロの応用

6.1　ジャイロの応用動向 …………………………………………… 126
　　6.1.1　用途の分類 …………………………………………… 127
　　6.1.2　応用のポイント ……………………………………… 127
　　6.1.3　ジャイロ選定のポイント …………………………… 140

6.2　移動体の姿勢制御への応用 ………………………………… 141

6.3　慣性航法装置への応用 ………………………………………… 143
　　6.3.1　座標系 ………………………………………………… 143
　　6.3.2　慣性航法の方程式 …………………………………… 146

6.4　ジャイロ計器への応用 ………………………………………… 150
　　6.4.1　ジャイロコンパス …………………………………… 150
　　6.4.2　バーチカルジャイロインジケータ ………………… 156

6.5　計測装置への応用 ……………………………………………… 163
　　6.5.1　応用される計測装置 ………………………………… 163
　　6.5.2　ジンバル型計測装置 ………………………………… 165

6.6　空間安定装置／スタビライザへの応用 ………………… 175
　　6.6.1　空間安定装置の原理 ………………………………… 176
　　6.6.2　ブロック図 …………………………………………… 177

6.6.3　伝達関数 ··· 178

6.7　追尾装置への応用 ··· 181
　　　6.7.1　追尾装置の原理および構造 ··· 181
　　　6.7.2　目標探知センサ ·· 182
　　　6.7.3　誘導弾の目標追尾 ··· 182

第7章　新しい技術とジャイロ

7.1　マイクロマシニング技術と慣性センサ ························· 188

7.2　応用の広がりと将来 ··· 192

第8章　Q＆A方式による基礎講座

8.1　ジャイロ技術Q＆A（基礎編） ·································· 194

8.2　ジャイロ技術Q＆A（応用編） ·································· 205

第9章　資　料

9.1　モデル方程式 ·· 216
　　　資料1　RGのモデルの方程式 ··· 216
　　　資料2　RIGのモデルの方程式 ·· 217
　　　資料3　DTGのモデルの方程式 ··· 219
　　　資料4　FOGのモデルの方程式 ··· 224
　　　資料5　RLGのモデルの方程式 ··· 226
　　　資料6　サーボ加速度計のモデルの方程式 ····························· 228

9.2 ジャイロ関連製品 ……………………………………………… 230
 ① ガスレートセンサ …………………………………… 230
 ② DTG ………………………………………………… 231
 ③ FOG ………………………………………………… 232
 ④ バーチカルジャイロ ………………………………… 233
 ⑤ コースジャイロ ……………………………………… 234
 ⑥ レートジャイロ ……………………………………… 235
 ⑦ 慣性計測装置 ………………………………………… 236
 ⑧ バーチカルジャイロインジケータ ………………… 237
 ⑨ 加速度計 ……………………………………………… 238

さくいん ……………………………………………………………… 239
執筆者略歴 …………………………………………………………… 242

コラム

火薬ジャイロ ………………………………………………………… ・39
姿勢・方位基準装置 ………………………………………………… ・120
地球の重力加速度：g ……………………………………………… ・185
魚雷用コースジャイロ ……………………………………………… ・190

第1章
ジャイロとは

1.1 序論

　ジャイロは，ジャイロスコープを略して使われている言葉である．いわゆる「こま」の力学から派生している．したがって，「こま」で動いている物の角度を見るというのが，ジャイロの始まりである．動いている物の動きを見るには静止した基準が必要となるが，「こま」はその回転軸を空間に保持する特性をもっている．

　この特性を利用して動きを観測するのが，ジャイロスコープである．この保持する力は角運動量（「こま」の回転軸まわりの慣性モーメントと回転速度の積）の大きさに比例して強くなる．身近なところでは，私達が住んでいる地球そのものがジャイロの特性を有している．

　すなわち，地球には引力，風，突発的な隕石の落下など様々な力が働いているが，南北の地軸は一定の方向を保持している．これは，まさに地球の角運動量の大きさ（地球の慣性モーメントと自転角速度の積）に依存するところである．

　「地球ゴマ」と呼ばれる玩具があり，回転軸を垂直に保ったまま糸の上を上手に渡す遊びが広まった時期があった．これはジャイロの力学をわかりやすく説明できる道具でもあった．私達が実用的に使うジャイロの「こま」は地球のように空間に浮いていないので，この地球のミニチュア版を地上で実現することになる．その方法は高速回転子を軸受で支える「こま」，この「こま」に自由度を与えるためにジンバルと呼ばれる支持枠を自由度の数に応じて用いることで，「こま」に自由度を与えるというものである．それぞれのジンバルには，摩擦を極力減らすように工夫された軸受が用いられている．

1.1.1　ジャイロの性能

　ジャイロの基本性能の向上に関わる技術は，つぎの点に集約される．

① 高精密機械加工
② 高速回転する「こま」の動バランスと「こま」用軸受の寿命
③ ジンバル用軸受の摩擦の軽減
④ ジンバルのバランス調整

ジャイロの基本性能は，ドリフトで表される．ジャイロは機能的に「角度を計るもの」と，「角速度を計るもの」で代表される．ドリフトは，時間当たりの角度変化で表している．すなわち，度／時，度／分といった表し方になる．ドリフトは小さい方がよいわけであるから，ゼロとなる条件は何かということになる．ジンバル軸受の摩擦トルクがゼロであり，またジンバルのアンバランスをゼロにすること，ないしは「こま」の角運動量を限りなく大きくすることである．したがって，ジャイロの性能向上に関わる歴史は，いかに摩擦を減らすかという努力の歴史でもあった．私達が実用に使える「こま」の角運動量は，地球に比べると何億万分の1というオーダーで非常に小さいものである．したがって，小型ジャイロの世界では地球の自転角速度（約15°／時）に相当する角速度を計ることが，容易にできるというものはなかった．

ドリフトを減らす工夫は，軸受摩擦を減らす研究でもあった．軸受は玉軸受，宝石軸受，空気軸受，磁気軸受などの研究・開発が進められた．米・ソの宇宙競争時代に開発されたロケット誘導用のフローティングジャイロは，軸受摩擦を極限まで減らすために，「こま」を密閉して油の中で100％浮かせる工夫と，「こま」を支える軸径をきわめて細い設計にして，この軸を宝石で受けるというものであった．

1.1.2 「こま」のないジャイロ

以上述べた部分は，先人がジャイロと命名した「こま」を有するジャイロについてである．「こま」がなくてもジャイロと同じ機能をもつセンサが発明されている．これを，エキゾチックジャイロと呼ぶ人もいる．すなわち，ジャイロは，「こま」そのものから命名されているからである．ジャイロとしての機能を得る方法としては，つぎの原理が現在明らかになっている．
① コリオリの力

② サニャック効果

　コリオリの力は，ある速度をもって動いている物に角速度が加わると加速度が発生し，動いている物に力が作用するというものである．この力の作用によって得られる信号から，角速度を求める．これを利用したジャイロには，ガスレートジャイロ，音叉ジャイロ，振動ジャイロなどがある．

　また，サニャック（SAGNAC）効果はアイシュタインの相対性原理から導かれるものであるが，光ジャイロを対象にしている．円，三角，四角などの任意の形状で光が周回できる状態で角速度が加わると，右回りの時間と左周りの時間に差が生じるというものである．この時間差を，光の周波数や干渉の光強度を検出して角速度を求める．

　ジャイロは角度および角速度を求めるセンサである．世の中には角度および角速度を検出するセンサは多くある．ポテンショメータ，シンクロ，マイクロシン，レゾルバ，インダクトシン，シャフトエンコーダ，傾斜計などはすべて角度センサである．タコメータ，タコゼネレータは角速度センサである．

　これらのセンサは，傾斜計を除いてすべて回転子（ロータ）と固定子（ステータ）があり，固定子と回転子間の相対角および角速度を検出するセンサである．すなわち，固定子ないしは回転子が基準となって，角度および角速度を検出するというものである．

　また傾斜計は重力加速度を基準にして，そこからの傾きを計るものである．基準となる重力方向は，振子が多く使われている．ジャイロは，空間が基準となる．ジャイロの基準とは慣性の法則に基づくものであるから，初期の状態が基準となる．初期状態の基準について述べると，空間を基準にして任意の姿勢・方位をとることができる．したがって，初期に決めた角度が基準となって，その後に動いた角度を求めるというのが，ジャイロの基本特性である．

　水平とか真北といった基準で姿勢・方位角を計測する場合は，ジャイロの初期姿勢・方位角を与えるか，ジャイロ自身で初期姿勢角および真北を求める必要がある．水平基準を求める動作をレベリングと呼び，真北を求める動作をジャイロコンパシングと呼んでいる．ジャイロの初期角度を決める手段として，傾斜計や磁気コンパスを使って自動的に初期角度を求めている．前者が垂直ジャイロで，後者が磁気コンパスジャイロである．また，真北は地球の自転が南北軸まわりと

いう特性を利用して求められている．これが，ジャイロコンパスである．

1.1.3 ジャイロと傾斜計

　ジャイロと傾斜計は，重力方向を基準にしてその傾斜角を求めようとする，機能的にはまったく同じ性質のセンサである．大きく異なる点は，ジャイロが動的な角度センサであり，傾斜計が静的な角度センサであることである．動的とか静的という意味は，センサを乗せる場所が加速度が加わるような環境であるか否かということである．身近な例ではバスや電車の中に吊り革がぶら下がっているが，この吊り革は等速走行のときは揺れていないが，運転手がブレーキを踏んだり，アクセルを踏んだりすると揺れる．傾斜計は，この吊り革の揺れに応じて，角度誤差が増加するというものである．

　一方，ジャイロは速度の変化の影響を受けない．これが傾斜計とジャイロの大きな違いである．傾斜計は重力加速度の方向を基準にとっているため，静止ないしは等速走行で加速度は重力方向にあるが，加減速があると車両の加速度と重力との合成された方向に基準軸が変わるので，角度誤差が増えるということになる．

1.1.4 ジャイロの用途

　以上のようなことから，ジャイロは動く物の計測および制御には不可欠なセンサである．動く物の姿勢，速度および位置を必要とする装置には欠かせない．今までは，航空・宇宙の分野で主に使われてきた．最近ではジャイロがビデオカメラの手ぶれ防止に，自動車のカーナビおよび挙動制御に使われる時代になった．

　従来の「こま」式ジャイロは精密部品の固まりで扱いがむずかしく，高価で寿命が短いということで一般産業用には使いにくいものであった．それが圧電材料，光ファイバといった新たな素材が生まれ，さらにはシリコン材を使った微細加工から得られるジャイロの出現で，ジャイロの用途は従来の「こま」式ジャイロが多く使われた航空・宇宙分野に加えて，カメラ，自動車，ロボットといった一般産業用市場に広がってきている．

1.2 ジャイロの歴史

1.2.1 ジャイロ開発史

18世紀になって,「こま」の力学に関する研究が進んだ(**表1.1**).オイラーなどは「こま」の角運動量,歳差運動(プリセッション),章動(ニューテーション)といったジャイロの運動特性に不可欠な理論を確立した.まだこの時期には,ジャイロという名称はない.天道説が主流となっていた時代にコペルニクスが16世紀の初めに地動説を唱え,その後ニュートンがコペルニクスの説が正しいことを証明した.これは18世紀のことであるが,地球が自転していることを感覚的に理解することは非常にむずかしい時代であった.したがって,地球の自転を何とか直接的に計れないかという思いが研究者にあり,フランスの物理学者フーコーが1851年に巨大な振子を使って地球が自転しているという計測に成功した.これがフーコー振子である.

その1年後の1852年に,精密な「こま」を使って地球の自転を示そうと試みたが,「こま」を回すモータの問題で成功しなかったようである.フーコはこの「こま」を地球の自転を見るという意味で,ジャイロスコープと命名している.これが,ジャイロの始まりといわれている.

この時代から20世紀半ばの第二次世界大戦までは,地球が南北軸まわりに自転(15°／毎時)している特性を利用して真北を求めるという,ジャイロコンパスの研究が盛んになった.

1906年にドイツの地理学者アンシュッツ博士が,アンシュッツ式ジャイロコンパスの試作機を完成させた.またその3年後の1909年に,米国のスペリー博士がスペリー式ジャイロコンパスの試作機を完成させた.この2つの方式が,今日に至るまで世界で最も多く使われてきた船舶用ジャイロコンパスである.日本では北辰電気がアンシュッツ式,東京計器がスペリー式のライセンスをとり国産して船舶用に広く使われてきた.

表1.1 ジャイロ開発の歴史

年　度	発明者（国籍）	イベント
1835	コリオリ（フランス）	コリオリの力発見
1851	フーコ（フランス）	地球自転の証明
1852	フーコ（フランス）	ジャイロスコープの命名
1908	アンシュッツ（ドイツ）	アンシュッツ式ジャイロコンパスの特許
1911	スペリー（米国）	スペリー式ジャイロコンパスの特許
1913	サニャック（フランス）	サニャック効果の発見
1953	スペリー（米国）	音叉型振動ジャイロ
1961	ヒール（米国）	リングレーザジャイロの実験
1970	ハーキュリー（米国）	ガスレートセンサの特許
1978	バリ，ショートヒル（米国）	干渉式光ファイバジャイロの実験
1985	マクダネルダグラス社（米国）	アナログクローズドループ式光ファイバジャイロの特許
1988	フォトネティックス社（フランス）	デジタルクローズドループ式光ファイバジャイロの特許

　第二次世界大戦に入ってから，航空機用小型ジャイロおよびロケットの誘導用ジャイロの研究が盛んになった．ジャイロの研究は小型，軽量そして高精度という目標があった．主たるジャイロは姿勢ジャイロとレートジャイロであった．それらは戦術兵器の誘導，戦略巡航ミサイル，飛行機の慣性航法装置，弾道ミサイルの誘導，宇宙ロケットの誘導などの応用に力が注がれた．

　1970年台の後半までは，機械式ジャイロの全盛時代であった．高い精度が要求される航法装置は，複数のジンバルからなるステーブルプラットホーム方式であった．これに使われるジャイロは角度ならびに角速度の検出範囲は狭くてもよいが，ドリフトは極限まで小さくする必要があった．この種のジャイロをプラットホーム用ジャイロと呼んでいた．1970年台は，ストラップダウン用ジャイロが使われ始めた時期でもあった．

　ストラップダウンは，プラットホームに相対する言葉としてよく用いられて

きた．すなわち，検出範囲が広いレートジャイロを直交3軸に配置して，その角速度を解析的に計算することによって姿勢を求めるというものである．この方式は，従来のプラットホームと同じ役割を果たすものである．これは，コンピュータの発達という時代背景があったゆえの産物でもある．

1980年は，リングレーザジャイロを用いたストラップダウン方式の慣性航法装置がボーイングおよびエアバスの航空機に初めて採用された年である．この頃から，ストラップダウン方式が徐々に増加した．同時に従来のプラットホーム方式が徐々に少なくなる傾向を示した．

1980年から2000年は，「こま」式の回転ジャイロに代わって非回転ジャイロの実用化が広まった時代である．その1つの光学式ジャイロでは，リングレーザジャイロが1980年代に実用化され，その後の1990年代に入って光ファイバジャイロが実用化された．一方，現在ガスレートジャイロと呼んでいる流体式ジャイロや振動ジャイロの研究開発は1970年代に米国で盛んに進められた．高い性能を得ることはできないが長寿命および耐環境性に優れ，そして低コストであるという特長が日本の産業界で強い関心をもたれることになった．従来の防衛産業に関わる既存ジャイロメーカーに加えて，民需産業に関わってきたメーカーがジャイロの開発に力を注ぎ始めた時期でもある．

この頃から，ジャイロは高価で寿命が短いというイメージが大量生産の自動車やビデオカメラに採用されるようになって，大きく変わってきた．日本の自動車メーカー（ホンダ）が，日本の防衛プログラム向けを対象に開発された流体式ジャイロ（ガスレートセンサ）に着目し，その低コスト化と性能向上に成功し，世界で最初のジャイロ式カーナビを1980年代の初めに発表した．これはジャイロが一般産業用に使われたという点で，民需関連メーカーに大きなインパクトを与えたようである．

その後多くの民需関連メーカーが振動ジャイロや光ファイバジャイロの開発に力を注いだ．この流れはMEMS（Micro Electro Mechanical System）技術と呼ばれるシリコンをベースにした小型ジャイロ開発の流れに影響を与えたと考えられる．MEMS技術を応用したジャイロは，21世紀にその実用化が広まるものと期待されている．ジャイロが従来の軍用用途を主流にしていた時代から，21世紀を迎えて，民需用途への広がりを見せる時代になってきた．

2001年12月の初め，米国で発売された1人乗りのスクーター「Ginger」も，ジャイロ技術の賜物である．

1.2.2 ジャイロ開発の歩み

航空機の慣性航法装置（INS）が開発されてきた歩みを見てみると，新しいジャイロが次々と開発されてきた理由が読み取れる．航空機用に使われる慣性航法装置の精度は，1960年当時から現在に至るまで1NM（ノーチカルマイル）という数字は変わっていないが，慣性航法装置の小型，軽量および省電力という点で大きく改善されてきた．また航空機以外の分野で，各種小型ジャイロが開発されて，飛翔体や安定台からビデオカメラなどの民生機器まで広く使われてきた．航空機用慣性装置およびジャイロ開発の歩みを図1.1に示した．

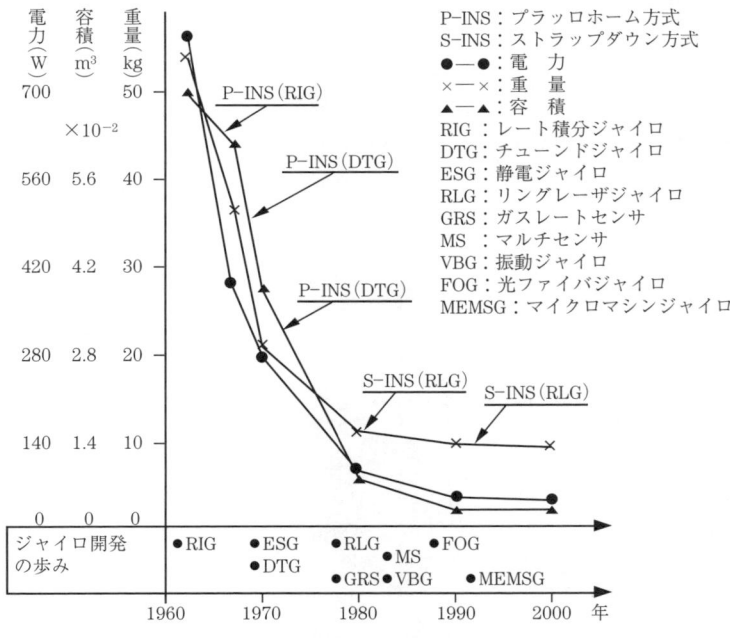

図1.1　航空機用INSおよびジャイロ開発の歩み

1.3 ジャイロの原理

多くの論文発表や市販されている各種のジャイロの原理をまとめると，つぎの3原理に集約される．
① 慣性とプリセッション
② コリオリの力
③ サニャック効果
この3原理を順に説明する．

1.3.1 慣性とプリセッション

「こま」式ジャイロと呼ばれているものの原理である．一般には高速回転する「こま」を想定している．ジャイロの業界では，この「こま」を通常フライホイールとかスピンと呼んでいる．3軸の自由度をもっているスピンを，**図1.2**に示す．このスピンは，つぎの特性をもっている．
① ジャイロのスピン軸は外部からのトルクを加えない限り，スピン軸は空

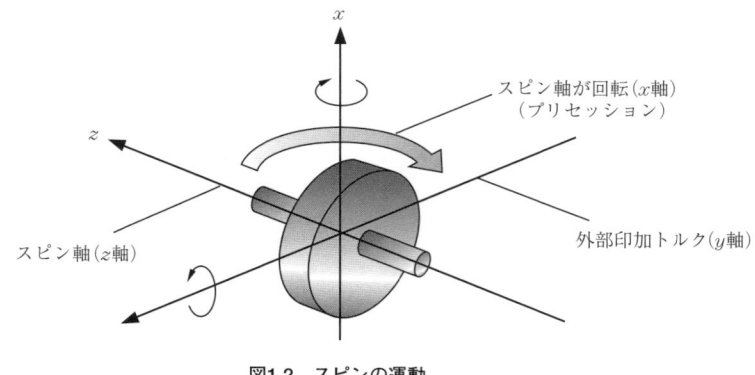

図1.2　スピンの運動

間の一定方向を指し続ける（慣性の法則）．
② ジャイロに外部からのトルクを加えると，スピン軸は力の方向と90°異なる方向に回転する（プリセッション）．

各種の「こま」式ジャイロには，上記①，②の性質が利用されている．

ジャイロの特性は，つぎの角運動量とトルクから導かれる．質量mの質点に働く力を$\vec{F}$とし，適当な原点Oから測ったその位置ベクトルを$\vec{r}$とすると，運動方程式は，

$$m \cdot \ddot{\vec{r}} = \vec{F} \tag{1.1}$$

と表される．また，質量の速度$\vec{v}$は$\vec{v} = \dot{\vec{r}}$，その運動量$\vec{p}$は$\vec{p} = m\vec{v}$で与えられる．ここで，$\vec{r}$と$\vec{P}$のベクトル積をとり，

$$\vec{L} = \vec{r} \times \vec{P} \tag{1.2}$$

で定義される$\vec{L}$を，質量がOのまわりにもつ角運動量という．**図1.3**に示すように，$\vec{L}$は$\vec{p}$と$\vec{r}$の両方に垂直な方向をもつ．また$\vec{L}$は，

$$\vec{L} = m(\vec{r} \times \dot{\vec{r}}) \tag{1.3}$$

となるので，Lの時間微分を求めると，

$$\frac{d\vec{L}}{dt} = \frac{d}{dt}m(\vec{r} \times \dot{\vec{r}}) = m(\vec{r} \times \ddot{\vec{r}}) \tag{1.4}$$

となる．したがって，

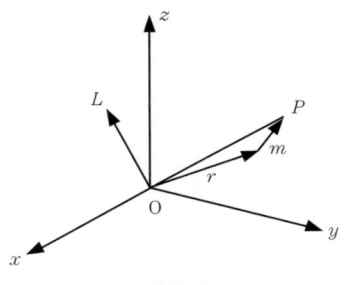

図1.3　角運動量の座標

$$\frac{d\vec{L}}{dt} = \vec{r} \times \vec{F} \quad \text{(1.5)}$$

という関係が得られる．この式の右辺を力$\vec{F}$の点Oに関する力のモーメント，一般にトルクという．トルクを$\vec{T}$と書き，

$$\vec{T} = \vec{r} \times \vec{F} \quad \text{(1.6)}$$

とおけば，

$$\frac{d\vec{L}}{dt} = \vec{T} \quad \text{(1.7)}$$

と表せる．すなわち，「**角運動量の時間微分はトルクに等しい**」のである．

質点系の場合は，

$$\vec{L} = \sum_i \vec{r_i} \times \vec{p_i}$$

で定義される$\vec{L}$を，点Oのまわりにもつ質点系の全角運動量という．またトルク$\vec{T}$を，

$$\vec{T} = \sum_i \vec{r_i} \times \vec{F_i}$$

とおけば，

$$\frac{d\vec{L}}{dt} = \vec{T}$$

と表される．

すなわち，質点系においても，点Oに関する全角運動量の時間微分は，外力の点Oに関するトルクの総和に等しい．特に外力が働かない場合，$\vec{T}=0$となり，$\vec{L}=$一定が成り立つ．これを，角運動量保存則という．

(1.7) 式は剛体にも適用できるので，回転体をオイラーの方程式で示すとつぎのようになる．剛体の角運動量をx, y, zの成分で表すと（**図1.4**），

$$\vec{L} = A\omega_x \vec{i} + B\omega_y \vec{j} + C\omega_z \vec{k} \quad \text{(1.8)}$$

(1.8) 式を (1.7) 式に導入すると，

$$\vec{T} = A\left(\frac{d\omega_x}{dt}\vec{i} + \omega_x\frac{d\vec{i}}{dt}\right) + B\left(\frac{d\omega_y}{dt}\vec{j} + \omega_y\frac{d\vec{j}}{dt}\right) + C\left(\frac{d\omega_z}{dt}\vec{k} + \omega_z\frac{d\vec{k}}{dt}\right)$$

単位ベクトルを展開することで，トルクをT_x，T_y，T_zに分けると，つぎのようになる．ただし，x，y，z軸の慣性モーメントをA，B，Cとし，角速度をω_x，ω_y，ω_zとする．

$$\left.\begin{aligned}T_x &= A\frac{d\omega_x}{dt} - (B-C)\omega_y\omega_z \\ T_y &= B\frac{d\omega_y}{dt} - (C-A)\omega_z\omega_x \\ T_z &= C\frac{d\omega_z}{dt} - (A-B)\omega_x\omega_y\end{aligned}\right\} \quad \cdots\cdots\cdots (1.9)$$

(1.9) 式は，剛体の回転に関するオイラーの方程式と呼ばれるもので，ジャイロスコープ理論を展開する上で重要な方程式である．

つぎにスピンは高速回転しているので，スピン軸と直交する軸は静止座標で見れるようにする．スピンはハウジングというケースに収まっているので，スピンの座標とスピンケースの座標（x', y', z'）を**図1.5**に示す．両座標から次式が導かれる．

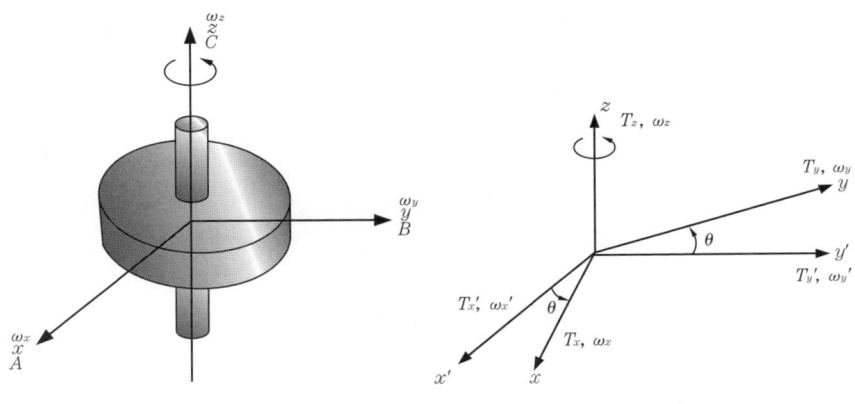

図1.4　スピン固有座標　　　　図1.5　スピンの座標とスピンケースの座標

$$\left.\begin{array}{l}T_x{}'\cos\theta + T_y{}'\sin\theta = T_x \\ -T_x{}'\sin\theta + T_y{}'\cos\theta = T_y \\ \omega_x{}'\cos\theta + \omega_y{}'\sin\theta = \omega_x \\ -\omega_x{}'\sin\theta + \omega_y{}'\cos\theta = \omega_y\end{array}\right\} \quad\quad\quad\quad\quad (1.10)$$

図1.3において,スピンのx, y, z軸の慣性モーメントは,一般に$A=B\neq C$という関係にある.(1.10)式を(1.9)式に導入し展開すると,次式になる.

$$\left.\begin{array}{l}T_x{}' = A\dot{\omega}_x{}' + C\omega_z\omega_y{}' \\ T_y{}' = A\dot{\omega}_y{}' - C\omega_z\omega_x{}' \\ T_z{}' = C\dot{\omega}_z{}'\end{array}\right\} \quad\quad\quad\quad\quad (1.11)$$

(1.11)の式は,スピンの運動からスピンケースの運動方程式に変えられている.スピンの回転を等速($\omega_z=$一定)とすると,(1.11)式はつぎのようになる.

$$\left.\begin{array}{l}T_x{}' = A\dot{\omega}_x{}' + L_z\omega_y{}' \\ T_y{}' = A\dot{\omega}_y{}' - L_z\omega_x{}'\end{array}\right\} \quad\quad\quad\quad\quad (1.12)$$

上式において,最初の項は慣性力を示すものとして知られおり,第2項がジャイロの力と呼ばれるものである.上式において,$L_z=C\omega_z$はスピンの角運動量を示している.(1.12)式の微分方程式を$T_x{}'$および$T_y{}'$が一定のトルクとして解くと,つぎのようになる.

$$\left.\begin{array}{l}\omega_x{}' = \dfrac{-T_y{}'}{L_z} \\ \omega_y{}' = \dfrac{T_x{}'}{L_z}\end{array}\right\} \quad\quad\quad\quad\quad (1.13)$$

$$\left.\begin{array}{l}\omega_x{}' = K_1\sin\dfrac{L_z}{A}t + K_2\cos\dfrac{L_z}{A}t \\ \omega_y{}' = -K_1\cos\dfrac{L_z}{A}t + K_2\sin\dfrac{L_z}{A}t\end{array}\right\} \quad\quad\quad\quad\quad (1.14)$$

(1.13)および(1.14)式がジャイロの特性を示す解である.すなわち,

(1.13)式は，定常状態におけるジャイロのプリセッションと呼ばれるものである．

はじめに述べたが，ジャイロに外部から力を加えると，スピン軸は力の方向と90°異なる方向になり，回転するという説明が，この（1.13）式で表されている．また，(1.14)式は，ジャイロのニューテーションと呼ばれるもので，スピンの角運動量とスピン軸と直交する軸の慣性モーメントの比で周期が決まり，振動するというものである．ニューテーションは2自由度，3自由度のジャイロで見られるが，その振動力を極力小さくするように設計されている．

このプリセッション運動の身近な例として，ブーメランの運動がある．ブーメランは，**図1.7**に示すように縦投げすると左旋回をして戻ってくる．

ブーメランの回転運動と並進運動の関係を考えてみる．図1.7ではブーメランが手前から向こうへ時速100kmの並進速度と，20kmの回転速度で飛んでいたとする．2枚の翼を比べてみると，上の翼は前進速度100kmと回転速度20kmの和の120km，下の翼は前進速度100kmと回転速度20kmの差の80kmの速度となる．これは，風に対する速度が120kmと80kmで，40kmの差が生じていることになる．

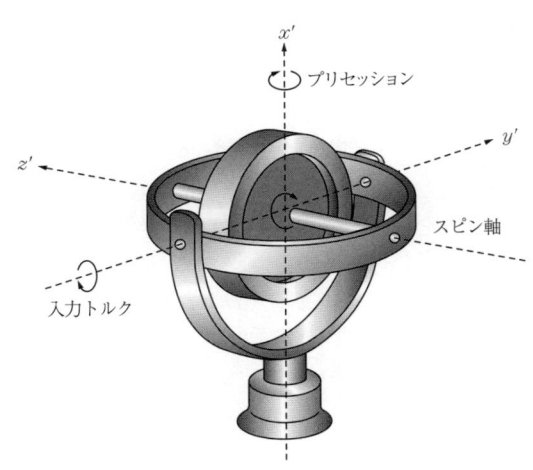

図1.6　プリセッション

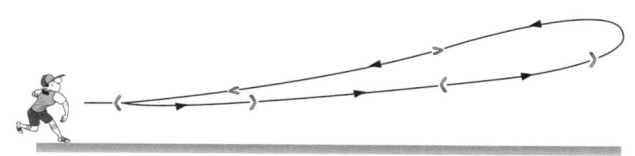

図1.7 ブーメランの運動

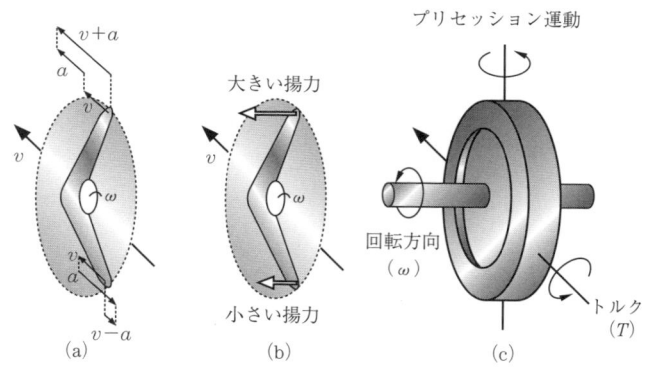

図1.8 回転力とトルク

　この速度の差は，ブーメランの運動にどのような影響を与えるであろうか．速度の差は，揚力の大きさに関係する．速度が大きいと揚力は大きく，速度が小さいと揚力は小さくなる．この揚力の差は，ブーメランの上端部を左方向に回わす力となる．この回転力は**図1.8**に示すようなトルクとなり，ブーメランはトルク方向と回転方向の両方に直角な方向にプリセッション運動を起こさせる．プリセッション運動により，ブーメランの進行方向は左側に向けられる．これが連続して起こるから，結果としてブーメランは戻ってくる．

1.3.2 コリオリの力

　等速回転をする（角速度Ωで）円板を座標系とし，円板上で円板の縁に沿い等速運動をする粒子を考える．円板に対するこの粒子の速度をV_nで表す（添字"n"は座標が非慣性系であることを示す）．静止している観測者（慣性系）に関するこの粒子の速度V_iは，V_nと円板の点の速度の和である．円板の半径をrとすれば，円板の縁の点の速度は$\Omega \cdot r$である．したがって，

$$V_i = V_n + \Omega \cdot r \tag{1.15}$$

となる（**図1.9**参照）．

　慣性系に関する粒子の加速度W_iは，粒子が速度V_iで半径rの円運動をするので，

$$W_i = \frac{V_i^2}{r} = \frac{V_n^2}{r} + 2 \cdot \Omega \cdot V_n + \Omega^2 r \tag{1.16}$$

となる．この加速度に粒子の質量mを掛ければ，慣性系における粒子に作用する力が求まる．

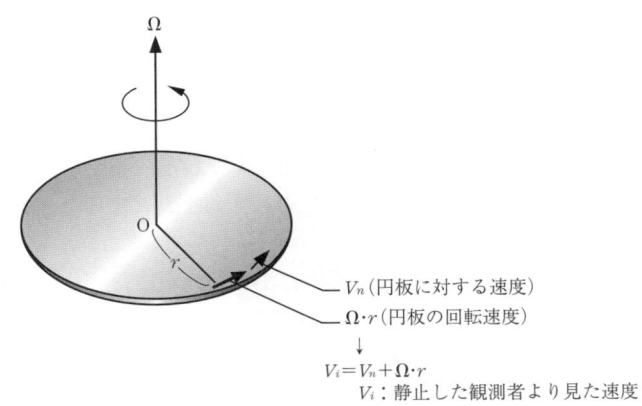

図1.9　回転円板上の運動

$$F = m \cdot W_i \quad\quad\quad (1.17)$$

つぎに円板上にあって，円板が静止していると考えている観測者が，この運動をどう観測するか調べる．観測者に対して，粒子はやはり半径rの円運動をするが，この速度はV_nである．したがって，円板に対する粒子の加速度W_nは，

$$W_n = \frac{V_n^2}{r}$$

で，円板の中心に向かう．円板が静止していると考えれば，この観測者は粒子の質量にW_nを掛けて，この値が粒子に作用する力F_nに等しく，

$$F_n = m \cdot W_n$$

になるというであろう．

$$W_n = W_i - 2\Omega \cdot V_n - \Omega^2 \cdot r$$

で，$m \cdot W_n = F_n$であることを考慮し，

$$F_n = F - 2m \cdot \Omega \cdot V_n - m \cdot \Omega^2 \cdot r \quad\quad\quad (1.18)$$

となる．このように，回転する座標系では，粒子に真の力F以外に2つの付加された力$-m \cdot \Omega^2 \cdot r$と$-2m \cdot \Omega \cdot V_n$が作用することがわかる．前者の力は遠心力と呼ばれ，後者の力をコリオリの力と呼ぶ．この場合の負号は，2つの力が円板の回転軸から外向きに作用することを示す．

コリオリの力は運動している粒子のみに作用し，粒子の速度によって異なる．しかし，座標系に対する粒子の位置には関係ない．一般に回転座標系（角速度Ω）に関して任意の速度V_nで運動する粒子に作用するコリオリの力は，

$$2m \cdot \vec{V_n} \times \vec{\Omega} \quad\quad\quad (1.19)$$

となる．すなわち，コリオリの力は回転軸および粒子の速度に垂直な方向に作用する（**図1.10**）．その大きさは，$\vec{V_n}$と$\vec{\Omega}$のなす角をθとすると，$2m \cdot V_n \cdot \Omega \cdot \sin\theta$である．

地球上で作用するコリオリの力は非常に小さい．自由落下する物体は正確には鉛直でなく，わずかに東へずれて運動する．このずれは，100m（北緯60°）の高さから落下してせいぜい1cmである．

しかし，気象現象では大切な役割を果たす．回帰線から赤道にかけて吹く貿易風は，もし地球の自転がなければ直接北から南に吹く（北半球の場合）．貿易風が東へずれるのは，コリオリの力の影響である．

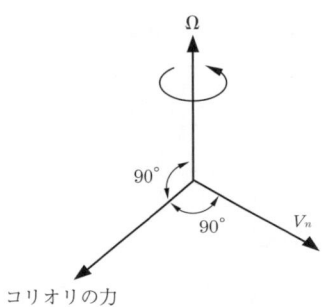

図1.10　コリオリの力の方向

1.3.3　サニャック効果

閉じたレーザ光路に，時計回り（CW：Clockwize）と反時計回り（CCW：Counter Clockwize）にレーザ光を同時に通す．おのおののレーザ光が1周して，同じ点に戻って合波するように設定する．このとき，レーザ光路が角速度（ω）で回転すると，両レーザ光は位相差をもつことになる．これをサニャック（SAGNAC）効果と呼んでいる．レーザジャイロは，このサニャック効果による位相差，またはこれによるビート周波数から角速度を検出するものである．円形光路の場合，両レーザ光の光路差（ΔL），位相差（$\Delta\Sigma\theta$），およびビート周波数（Δf）は次式で与えられる．

$$\left. \begin{aligned} \Delta L &= \frac{4A}{c}\omega \\ \Delta\theta &= \frac{8\pi A}{\lambda c}\omega \\ \Delta f &= \frac{4A}{\lambda P}\omega \end{aligned} \right\} \quad\quad\quad (1.20)$$

上述の原理を回転寿司屋にイメージすることで，概念的な説明をする．たとえば，回転寿司を思い浮かべていただきたい．ちょうどカウンタの向こう側の右から回わっても，左から回わっても同じ距離にある反対側に寿司が置かれた．席を立って寿司を取りに行くとすると，どちらが早いか．当然，寿司が近付い

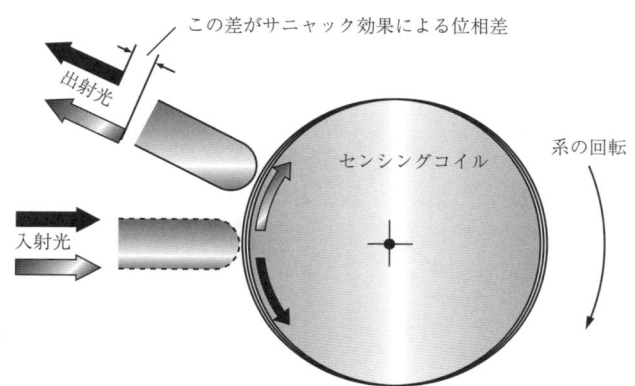

図1.11 サニャック効果の概念図

てくる方向，つまり，回転と反対側に回った方が寿司に早く到達できる．人を光に，回転寿司をレーザ光路に置き換えたものが，光ジャイロである．系の動きに逆行した光の方が，そのみかけ上の光路が短くなるので到着が早くなるのである．

前述の（1.20）式が導かれる手順について述べる．

図1.12において，レーザ光はA点から時計方向（CW）と反時計方向（CCW）にビームスプリッタによって伝播する．このリング干渉計が回転しない場合は，両光が1周する時間は，つぎのようになる．

$$t = \frac{2\pi r}{c} \tag{1.21}$$

つぎにリング干渉計を角速度（ω）でCWに回転させると，両光が1周する時間はわずかではあるが異なる．

レーザ光がCW回転して1周する時間をt^+とし，またCCWに回転して1周する時間をt^-とする．このときの，おのおのの時間は次式になる．

$$\left. \begin{array}{l} t^+ = \dfrac{2\pi r + r\omega t^+}{c} \\[6pt] t^- = \dfrac{2\pi r - r\omega t^-}{c} \end{array} \right\} \tag{1.22}$$

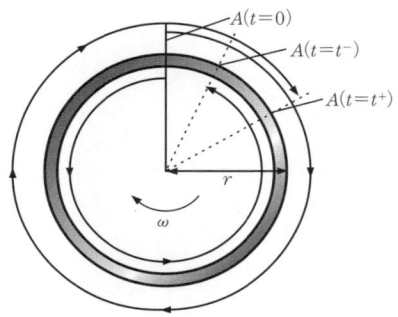

図1.12 リング干渉計

(1.22)式から両光の1周の時間差を求めると，

$$\Delta t = t^+ - t^- = \frac{4\pi r^2 \omega}{c^2 - r^2 \omega^2} \quad \cdots (1.23)$$

$r^2 \omega^2 \ll c^2$ と考えられるから，

$$\Delta t \cong \frac{4\pi r^2}{c^2} \omega \quad \cdots (1.24)$$

$$\left.\begin{aligned}\Delta L &= c\Delta t = \frac{4\pi r^2}{c}\omega = \frac{4A}{c}\omega \\ \Delta \theta &= \frac{2\pi \Delta L}{\lambda} = \frac{8\pi^2 r^2}{\lambda c}\omega = \frac{8\pi A}{\lambda c}\omega\end{aligned}\right\} \quad \cdots (1.25)$$

光ファイバを多回転（n回）のコイル状に捲いた場合は，次式になる．

$$\Delta \theta = \frac{8\pi^2 r^2 n}{\lambda c} \cdot \omega = \frac{4\pi L r}{\lambda c}\omega \quad \cdots (1.26)$$

ただし，$L = 2\pi r \times n$

つぎに，リングレーザジャイロも同じ原理（**図1.13**）であるが，CW回転およびCCW回転する両レーザ光の光路長を周波数に変換し，角速度を周波数で出力している．両光の周波数は，次式を満たす共振条件で得られる．

$$m\lambda_\pm = L_\pm \quad \cdots (1.27)$$

ただし，m は整数

(1.27) 式を周波数で表すと，

$$f_\pm = \frac{mc}{L_\pm} \quad\quad\quad\quad (1.28)$$

角速度 ω が加わったときの CW および CCW の周波数差は，次式で与えられる．

$$\Delta f = \omega_- - \omega_+ = \frac{mc}{L_-} - \frac{mc}{L_+}$$

$$\cong \frac{mc\Delta L}{L^2} = f\frac{\Delta L}{L} \quad\quad\quad\quad (1.29)$$

ただし，$L_+ \times L_- \cong L^2$

(1.25) 式の ΔL と (1.29) 式から，次式が導かれる．

$$\Delta f = \frac{2fr\omega}{c} = \frac{2r\omega}{\lambda} \quad\quad\quad\quad (1.30)$$

$A = \pi r^2$，$P = 2\pi r$ を (1.30) 式に入れると，

$$\Delta f = \frac{4A\omega}{P\lambda} \quad\quad\quad\quad (1.31)$$

ただし，P は光路長，A は光路が閉じる面積．

上式は光路を円として導いたが，光路が三角および四角になっても (1.31) 式は適用できる．

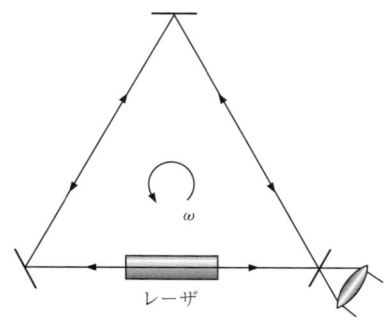

図1.13　リングレーザジャイロ

1.4 プラットホーム方式ジャイロとストラップダウン方式ジャイロ

　1960年から1970年代はプラットホーム方式が全盛の時代で，1980年から2000年にかけてはプラットホーム方式からストラップダウン方式に置き換わる時代であったと考えられる．これからは，ストラップダウン方式が全盛になる時代であると考えられる．ここ10年は，コンピュータが急速に発展し，小型，軽量，高速および省電力化が図られた．そのことがストラップダウン方式の普及に大きな役割を果たした．同時にジャイロもプラットホーム用ジャイロからストラップダウン用ジャイロに置き換わってきた．これらのジャイロの対象はイナーシャルグレードと呼ばれるジャイロで，オートパイロット用ジャイロと区別している．すなわち，中精度（ドリフトが数十度／時以下）より高い精度のジャイロである．

　図1.14にストラップダウン方式とプラットホーム（ジンバル方式）ジャイロの年代別推移の，傾向を示した．

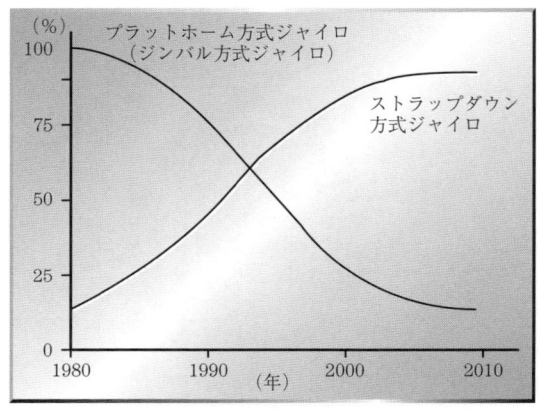

図1.14　ジャイロ市場の動向

1.4.1 プラットホーム方式ジャイロ

　空間において直交軸まわりの運動を測定するには，空間に安定した台が必要となる．これをステーブルプラットホームと呼んでいる．ステーブルプラットホームを築くには，2個の2自由度ジャイロ（姿勢ジャイロと方位ジャイロ）を使ってジンバル系を構築する方法と，1自由度ジャイロを3個使ってジンバ

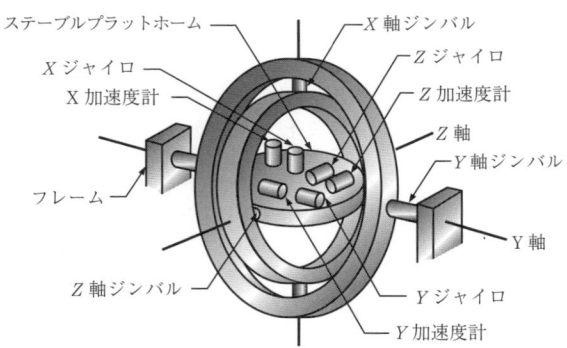

図1.15　3ジンバルステーブルプラットホーム

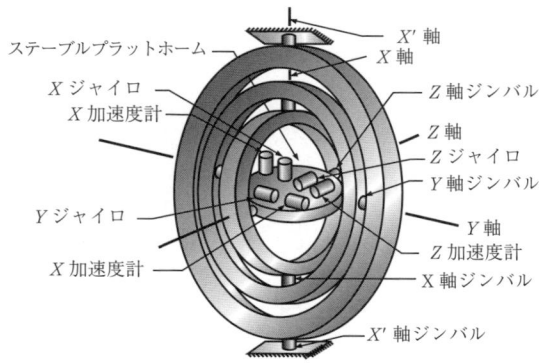

図1.16　4ジンバルステーブルプラットホーム

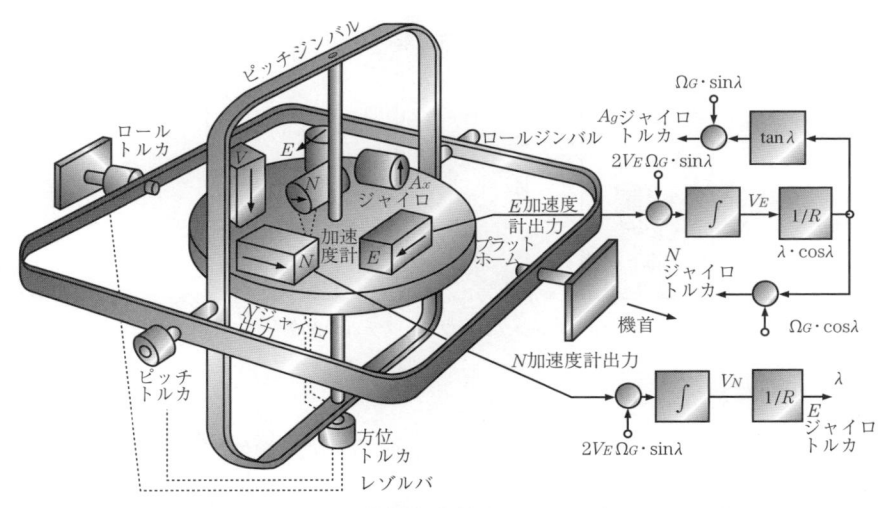

図1.17 ノーススレーブ方式慣性航法装置の概念図（3ジンバルの応用）

ルを築く方法がある．安定台に載ったそれぞれのジャイロ信号は，ジンバル制御系に供給される．

　制御系は各ジャイロ信号出力がゼロになるように，各ジンバルに搭載されたトルカで制御されて，安定台を水平に保っている．したがって，プラットホームジャイロは角度および角速度とも広い検出範囲は必要ない．ステーブルプラットホームは性能的には安定しているが，メカ構造が複雑で寸法および重量が大きい，また電力も大きく，さらにコスト高であるという欠点がある．その概念図を，**図1.15**，**図1.16**に，また**図1.17**に応用例を示した．

1.4.2　ストラップダウン方式ジャイロ

　ストラップダウン方式はプラットホーム方式同様のステーブルプラットホームを構築するが，その方法が異なる．それはジンバルをまったく使わず，直交3軸にジャイロと加速度を組み合わせ，合計6個のセンサと演算用コンピュータからなる．プラットホーム方式で構築したステーブルプラットホームと同じ

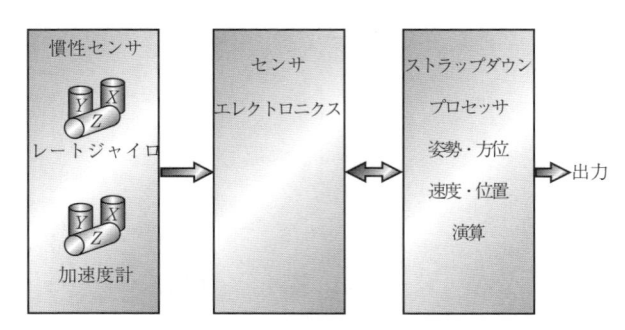

図1.18　ストラップダウンシステムの構成

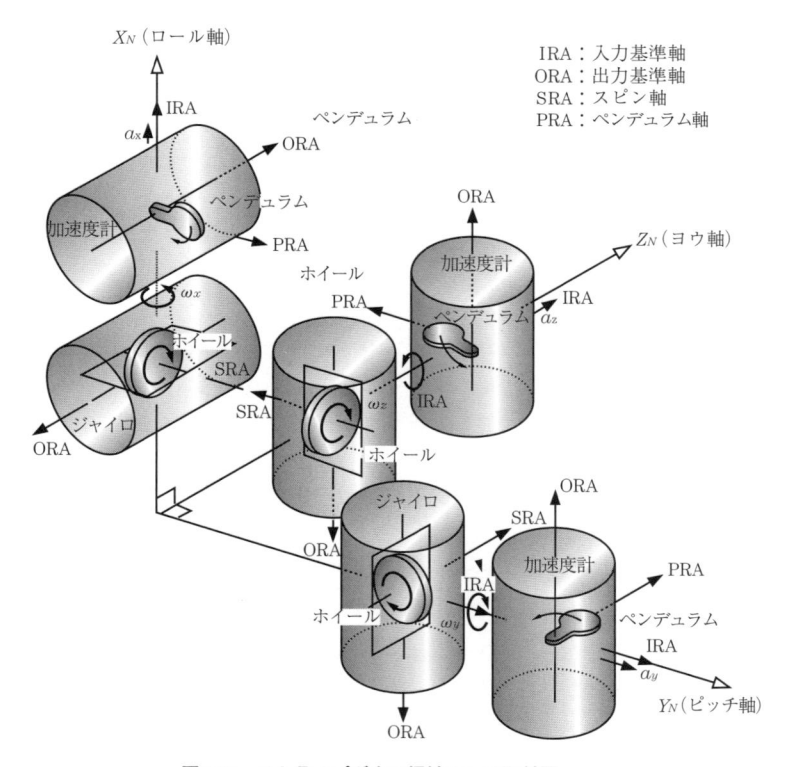

図1.19　ストラップダウン慣性センサ取付図

結果を，6個のセンサ信号と演算によって解析的に求めている．3ジンバルおよび4ジンバルがなくても，同じ結果を得ることができる．

　この方式は小型，軽量，整備性，低消費電力および低価格という点で特長を有している．センサとなるジャイロは，広い検出範囲とその範囲での高い性能が要求される．したがって，センサの補正および演算アルゴリズムの精度が重要となる．ストラップダウンの構成およびセンサ構成を**図1.18**，**図1.19**に示した．

1.4.3　ジャイロの比較

　プラットホーム方式用レートジャイロと，ストラップダウン方式用レートジャイロの比較を，**表1.2**に示す．

表1.2　レートジャイロの比較

	項　目	プラットホーム	ストラップダウン
1	角速度検出範囲	狭い	広い
2	直線性精度	低い	高い
3	スケールファクタ精度	低い	高い
4	ドリフト	同じ	
5	適用ジャイロ	レート積分ジャイロ チューンドジャイロ 静電ジャイロ	レート積分ジャイロ チューンドジャイロ リングレーザジャイロ 光ファイバジャイロ

参考文献
(1) 中田孝：機械の数学解析，誠文堂新光社
(2) 中田孝：工学解析（技術者のための数学手法），オーム社
(3) 西山豊：ブーメランからはじめる物理，数学セミナー，1996年7月号

第2章
ジャイロの原理・機能・構造

2.1 ジャイロの分類

ジャイロの基本原理が3種類あることを，第1章1.3で説明した．この原理ごとにジャイロを分類し，現在までに実用化された主要なジャイロを以下に示す．

① 「こま」の角運動量による保持性とプリセッションを利用したジャイロ

- 2自由度姿勢ジャイロ ─┬─ フリージャイロ ─┬─ フリージャイロ（FG）
　　　　　　　　　　　│　　　　　　　　　└─ 静電ジャイロ（ESG）
　　　　　　　　　　　├─ ディレクショナルジャイロ（DG）
　　　　　　　　　　　├─ バーチカルジャイロ（VG）
　　　　　　　　　　　└─ ジャイロコンパス

- 2自由度角速度検出ジャイロ ── ダイナミカリー・チューンド・ジャイロ（DTG）
　　　　　　　　　（注）：チューンドドライジャイロとも呼ばれている．

- 1自由度角速度検出ジャイロ ─┬─ レートジャイロ
　　　　　　　　　　　　　　└─ レート積分ジャイロ

② コリオリの力を利用したジャイロ

- 流体ジャイロ ──────── ガスレートセンサ
- 振動ジャイロ ─┬─ ワイヤ振動方式
　　　　　　　　├─ 角柱振動方式
　　　　　　　　├─ 音叉振動方式
　　　　　　　　├─ 円柱振動方式
　　　　　　　　└─ MEMSジャイロ
- 回転子利用ジャイロ ──── マルチセンサ

③ サニャック効果を利用したジャイロ

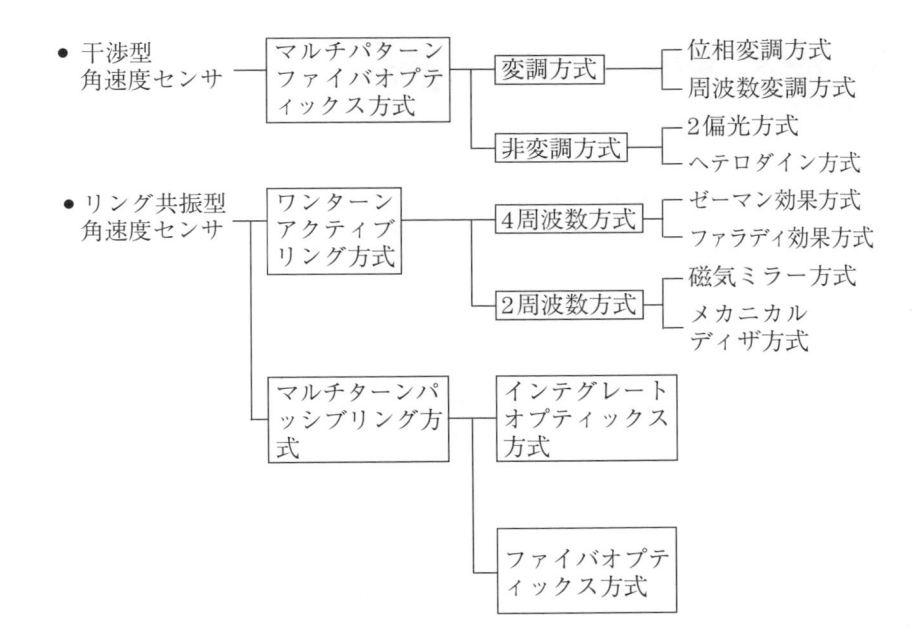

- 干渉型角速度センサ
  - マルチパターンファイバオプティックス方式
    - 変調方式
      - 位相変調方式
      - 周波数変調方式
    - 非変調方式
      - 2偏光方式
      - ヘテロダイン方式

- リング共振型角速度センサ
  - ワンターンアクティブリング方式
    - 4周波数方式
      - ゼーマン効果方式
      - ファラディ効果方式
    - 2周波数方式
      - 磁気ミラー方式
      - メカニカルディザ方式
  - マルチターンパッシブリング方式
    - インテグレートオプティックス方式
    - ファイバオプティックス方式

コラム

火薬ジャイロ

戦車を標的とするミサイルに搭載されるジャイロである．このジャイロの特徴は起動時間が短いことである．火薬を使って「こま」を所定の回転数まで立ち上げていることから，火薬ジャイロと呼ばれる由縁になっている．

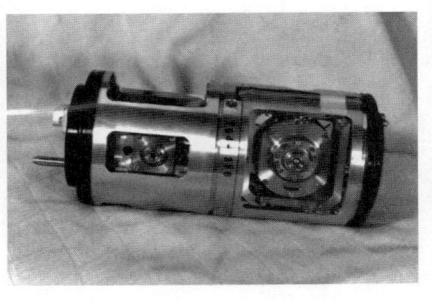

2.2 原理・機能・構造

2.2.1　2自由度姿勢ジャイロ

(1) 基本的構造

　2自由度とは，ジャイロ（回転するロータ部）が，2つの自由度をもつように支持された場合をいう．それによって，直交する2軸の検出が可能となる．2自由度のジャイロの基本的構造を**図2.1**に示す．

　ジャイロロータは，内ジンバルおよび外ジンバルで支えられ，外ジンバルは，ケースに支えられている．各ジンバルは，それぞれの軸のまわりに回転できる構造であり，ジンバル軸と軸受の相対変位角を検出する検出器（ピックオフ：通常はシンクロ発信機を用いる）が取付けられ，ジャイロ基準軸（スピン軸）に対するジャイロケースの変位角を検出するようになっている．

　ジャイロロータは，大きな慣性（角運動量）を得るため，通常12,000～

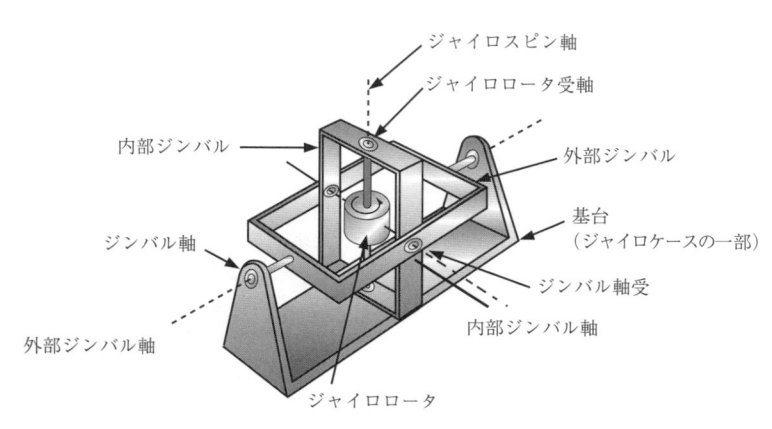

図2.1　2自由度ジャイロの基本的構造

24,000rpmの高速回転をしている．

　ジンバルは，ジャイロロータを支える支持枠である．ジンバル軸と軸受との間に回転摩擦があると，ジンバルの回転運動によってジャイロロータに外乱トルクが加わる．このトルクによってジャイロロータがプリセッションを起こし，ジャイロの基準軸が初期設定した方向からずれてしまう．これをドリフトと呼んでいる．ドリフトはジャイロの性能を決定する重要な要因であるので，軸受は，できるだけ摩擦の少ないものが選ばれる．

　なお，2自由度のジャイロにおいて内ジンバル軸，外ジンバル軸ともに360°の自由度をもたせることは不可能である．内ジンバルが90°回転しジャイロのスピン軸が外ジンバル軸に一致してしまうと，もはや2自由度のジャイロではなく，スプリング拘束のない1自由度レートジャイロの構造になってしまう．この状態で角速度が加わると，外ジンバルと内ジンバルが一体となって回転を始

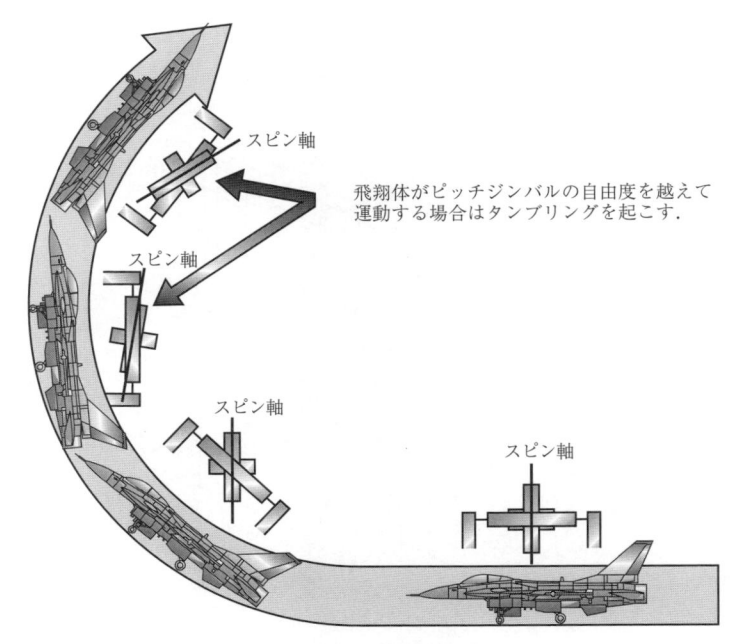

飛翔体がピッチジンバルの自由度を越えて運動する場合はタンブリングを起こす．

図2.2　タンブリングの発生

め，内ジンバルは外ジンバルにロックされたままになる．この現象をジンバルロックと呼ぶ．

このようなジンバルロックを生じないようにするために，機械的なストッパを用いて内ジンバルの回転角を制限する．通常，ストッパは内ジンバルの回転範囲を±85°以内になるように取付ける．しかし，ストッパを設けると別の問題が発生する．それは，このストッパに内側ジンバルが接すると，外ジンバルはその軸のまわりに180°回転する．この外ジンバルの動きは，タンブリングと呼ばれている．**図2.2**にタンブリングの発生のしくみを示す．

ジャイロケースはジャイロの機械的な機構を包んでいるので，外界のちりやほこり，湿気などから守るために密封構造が多く，ケース内には腐食や電気的スパークを防止するため，窒素などの不活性ガスが封入されている．

以下に，代表的な2自由度姿勢ジャイロの例を示す．

(2) フリージャイロ

ジャイロののスピン軸を空間の一定方向に向ければ，その方向をいつまでも維

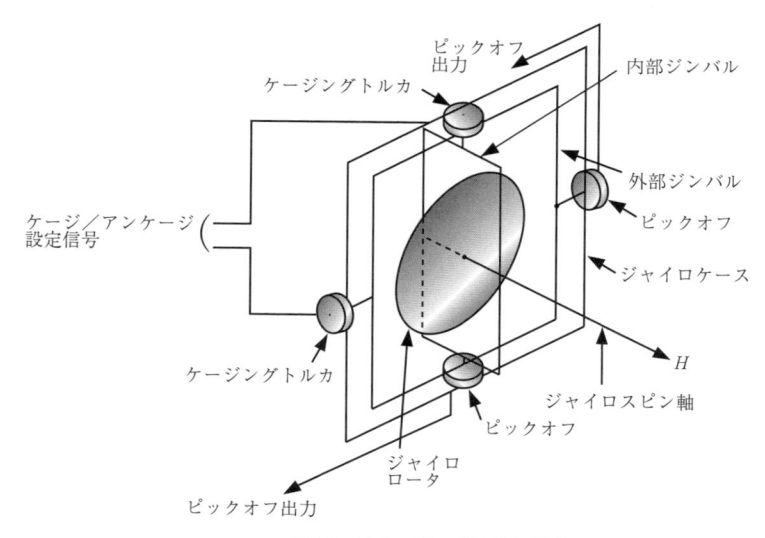

図2.3　フリージャイロの概念図

持している．このような特性を与えるジャイロをフリージャイロと呼んでいる．
　この構造の概念図を**図2.3**に示した．図はジャイロのスピン軸に対して2自由度を有する構造になっている．内ジンバルおよび外ジンバルに自由度を与えている．内・外ジンバルには，角度を検出するピックオフが付いている．一般には，内・外ジンバルの角度がゼロとなる位置にスピン軸をロックしてから，スピンの回転を始める．ジンバルをロックすることをケージングと呼んでいる．運用的にはケージング状態で所定の方向に向けて，スピンを立ち上げた後にアンケージしてから姿勢計測ができるようになる．

(3) ディレクショナルジャイロ

　ジャイロスピン軸を水平方向に設定し，この水平軸を基準にして垂直軸（方位軸）と水平軸まわりの角度を測定するものである．通常は，方位角の検出に用いる．**図2.4**に構成を，**図2.5**にブロック図を示す．
　ディレクショナルジャイロの場合は，ジャイロスピン軸を常に水平に設定するために水平検出器が取付けられている．外ジンバル駆動用トルカは水平検出

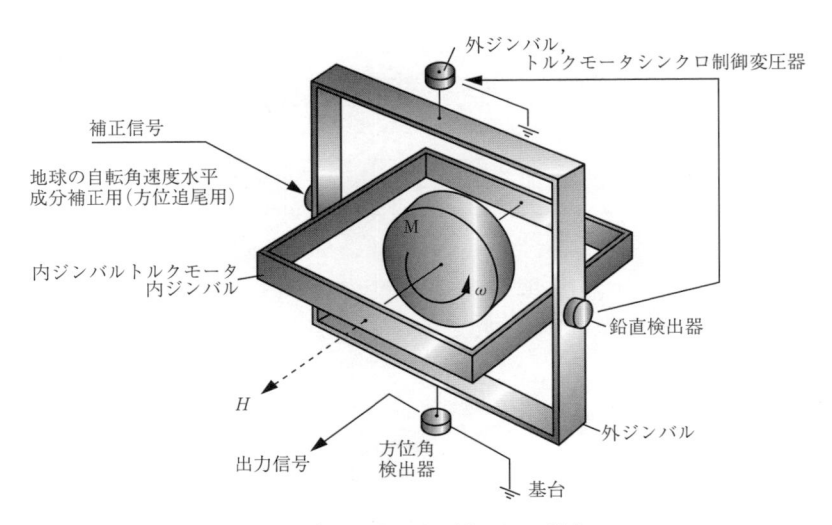

図2.4　ディレクショナルジャイロの構成

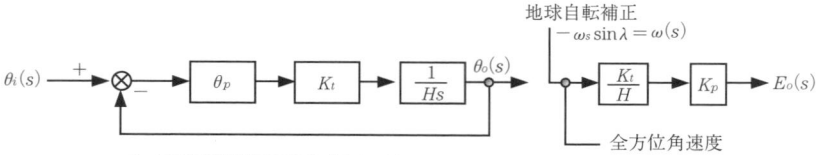

θ_p：鉛直検出器の感度（V／rad）
K_t：トルクモータのトルク定数（dyn·cm／V）
H：角運動量（dyn·cm·s／rad）
θ_i：鉛検出器の変位による入力角度（rad）
θ_o：ジンバルの変位による出力角度（rad）
K_p：検出器の感度（V／rad）
Ω：地球自転角速度
λ：緯度
$E_o(s)$：出力角速度
s：ラプラス演算子

図2.5　ディレクショナルジャイロのブロック図

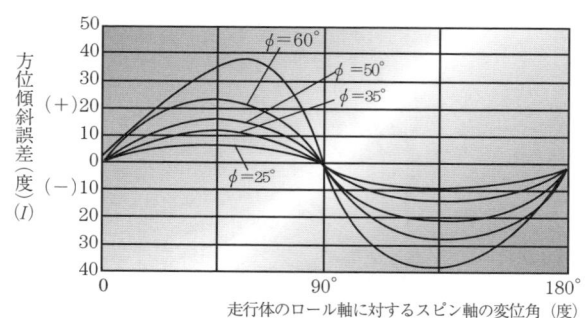

$$\tan\varphi = \frac{\tan\varphi'\cos\theta + \sin\theta \cdot \sin\phi}{\cos\phi}$$

φ：方位検出用(度)
φ'：真方位角(度)
θ：ピッチ角(度)
ϕ：ロール角(度)
I：方位傾斜誤差(度)（$=\varphi'-\varphi$）

図2.6　スピン軸変位による方位角の誤差

器からの信号でジャイロスピン軸を常に水平に，また内ジンバル用トルカは地球自転垂直成分補正を行なう．そのため，ジャイロスピン軸を地球の定点（通常は真北）に関して常に一定方向を向くように，それぞれ必要なトルクをジャイロロータに与える．

ディレクショナルジャイロは，通常運動体の方位角のみを検出するために用いる．しかし，ジャイロスピン軸は水平に保たれているので，内・外ジンバルの相対角は水平からの角度となる．この角度をロール角またはピッチ角として検出することもある．

運動体において，スピン軸の方向と機首方向が一致しない状態で運動体がロールを生じた場合，原理的に方位角出力に誤差を生じる．これを方位角傾斜誤差と呼び，ジンバル誤差の一種である．この誤差は，図2.6に示すように±45°傾いたときに最大になり，またロール角によって方位角の誤差が変化しロール角が大きいほど誤差は増加する．したがって，方位角の誤差が生じないのは，ロール角がゼロのときに限られる．

(4) バーチカルジャイロ

ジャイロの基準軸を垂直に設定し，この垂直軸を基準にして水平面内の2軸まわりの運動変位角（ロール角およびピッチ角）を測定するものである．図2.7に構成を，図2.8にブロックを示す．

通常，バーチカルジャイロにはスピン軸を鉛直方向に保つための機構（起立機構という）が備えられている．ジャイロモータのスピン軸が鉛直方向から傾くと，鉛直検出器（レベルセンサなど）から鉛直設定信号が発生し，スピン軸が垂直方向になるようにトルクモータに電力が供給され，常に鉛直方向に保たれる．この鉛直基準に対する変位を各ジンバルに取付けられた角度検出器で検出する．

図2.7，図2.8に示したものは鉛直検出器とトルカを起立機構に用いるものである．鉛直の検出器として，電解液を用いるもの，水銀スイッチを用いるものがある．なお，起立方法としてはトルクの他に以下のような方法がある．起立動作はすべてプリセッション運動を用いたものである．

- 振子弁方式
- ボール重力方式

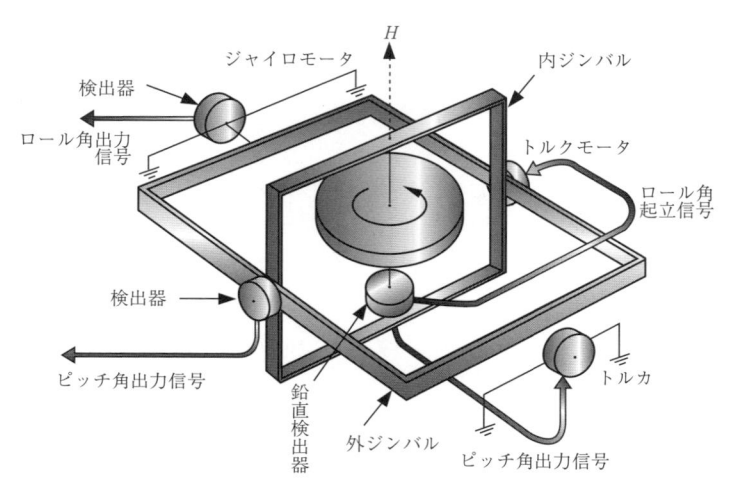

図2.7 バーチカルジャイロの構成

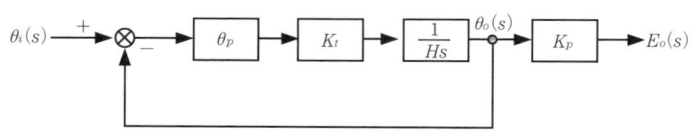

図2.8 バーチカルジャイロのブロック図

θ_p：鉛直検出器の感度（V/rad）
K_t：トルクモータのトルク定数（dyn・cm/V）
H：角運動量（dyn・cm・s/rad）
K_p：検出器の感度（V/rad）
θ_i：鉛検出器の変位による入力角度（rad）
θ_o：ジンバルの変位による出力角度（rad）
$E_o(s)$：ジンバルの変位角電気信号（V）
s：ラプラス演算子

- 電磁石方式

鉛直検出器とトルカを用いた起立機構で，電源投入時にジャイロモータの回転数を低回転に制御し，プリセッションによるスピン軸の起立を早くすることもできる．これは，ジャイロモータの角運動量が少ないとプリセッションによる角速度が大きくなることを用いている．

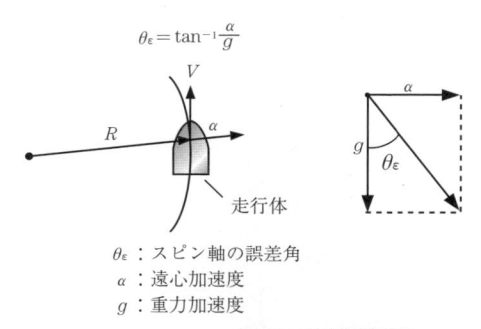

$$\theta_\epsilon = \tan^{-1}\frac{\alpha}{g}$$

θ_ϵ：スピン軸の誤差角
α：遠心加速度
g：重力加速度

図2.9 起立旋回誤差

　バーチカルジャイロはその構造上，起立旋回誤差が生じる．これは，バーチカルジャイロが搭載されている航走体が旋回するときに，遠心力の影響を受けて鉛直検出器に誤差が生じるからである．原理的には重力加速度と遠心加速度を合成した角度が鉛直検出器の誤差となるが，ジャイロ用の鉛直検出器は比例検出範囲が非常に狭く，またその範囲を超えると一定電圧でサチルようになっている．

　したがって，鉛直検出器の誤差がそのままバーチカルジャイロの誤差とならないように設計されている．起立速度を通常トルキングレートと呼んでいる．たとえば，この最大トルキングレートが1°/分とすると，鉛直検出器の出力がサチルような遠心力が働いている間は1分間に1°の割合で誤差が増えて，遠心力がなくなればふたたびゼロに復帰するというものである．

　いま，走行体の速度をV，旋回角速度をΩとすると，旋回加速度は，$V\times\Omega$となり，鉛直検出器の誤差θ_ϵは，**図2.9**のように表される．

　この誤差を補正する方法としては，旋回時起立用トルカを切るなどの方法がある．

(5) ジャイロコンパス

　ジャイロコンパスは，常時スピン軸が北を指しているように工夫されたフリージャイロである．主として船舶における方向基準に用いる．

　常時スピン軸を北に向けるために，指北原理を用いる．これは，**図2.10**のようにフリージャイロの回転体を支持するケースに重りを取付けることによっ

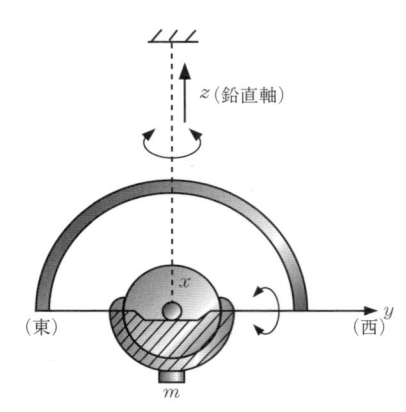

図2.10　ジャイロコンパス（指北原理の構成）

てトルクを与え，地球の自転に対してもスピン軸が北を示すようにしたものである．常に北を示すような摂動角速度を回転体がもつことによって，その角速度によるトルクと重りによるトルクの平衡が保たれるからである．つまり，その角速度からずれると，鉛直からの重りの変位がずれ，それによるトルクが復元作用を生ずるものである．なお，指北原理の詳細は，第6章6.4のジャイロ計器において示す．

2.2.2　2自由度角速度検出ジャイロ

(1) 原　理

チューンドジャイロはDTG（ダイナミカリー・チューンド・ジャイロ），TDG（チューンド・ドライ・ジャイロ）ともいわれ，回転する「こま」のコリオリ現象を利用したフリージャイロの一種で，1個で2入力2出力系を構成するジャイロである．

DTGの概念は**図2.11**に示すように，ロータは弾性支持の機械的バネ（フレクチャという）とジンバルを介してシャフトに接続されており，シャフトはジャイロモータに接続されている．

ジャイロモータが一定速度で回転しているとき，フレクチャのチューニングと

いう作動概念によってロータはジャイロモータの回転軸に直角な2軸まわりに拘束のないフリーな状態になり，2自由度のフリージャイロとして作動している．

　このチューニングという概念は，このジンバルの動的挙動により発生する負のバネ効果と，ロータを元の位置に戻そうとするフレクチャの正のバネ効果を釣り合わせることによって作用する機能である．

　図2.12に，シャフトとロータの回転軸の間にある一定の変位角をもってシャフトが1回転するときの，ケースに対する4点のロータとジンバルの相対的変位を示す．

　この図からシャフトが1回転する間に，ジンバルは2回（$2N$）振動することがわかる．このときフレクチャのねじれによって発生する弾性トルクを，$2N$で振動するジンバルの慣性反作用トルクによってキャンセルし，ロータを拘束

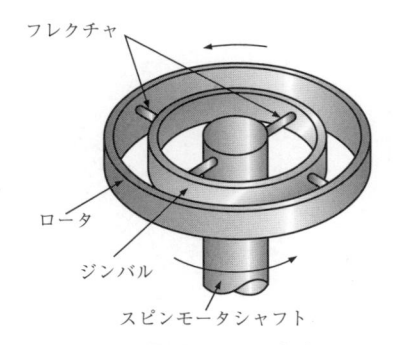

図2.11　DTGの概念

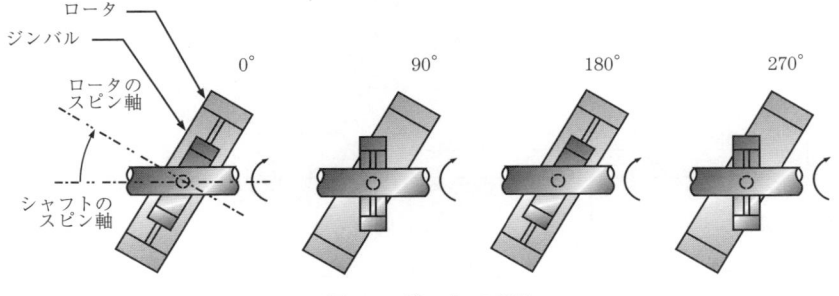

図2.12　ジンバルの振動

のないフリーな状態にすることができる．これがDTGの基本原理である．

DTGのチューニングに関する基本式を，以下に示す．

$$\frac{a+b-c}{2} \times N^2 = K$$

a, b：ジンバルのX軸およびY軸まわりの慣性
c：ジンバルのZ軸まわりの慣性
N：シャフトの回転数
K：フレクチャのバネ常数

(2) 構　造

DTGの構造を，**図2.13**に示す．DTGは構造上ロータの変位の自由度が少ないため，フリージャイロとして使用させることは実用上不可能で，ロータの変

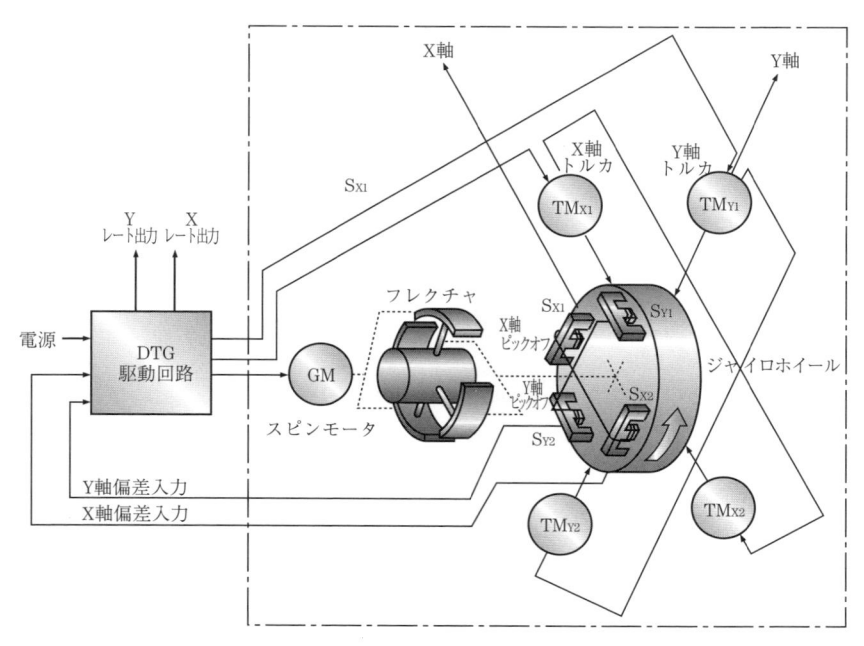

図2.13　DTGの構造

位を常にゼロに拘束するリバランス回路（サーボ回路）によってレートジャイロとして機能している．

　DTGには2組のピックオフと2組のトルカコイルがあり，それぞれ直径上の反対側に各1個ずつ配置されている．2組のピックオフコイルはロータの2軸まわりの変位を検出し，リバランス回路を通して2組のトルカコイルにフィードバックされる．2組のトルカコイルでピックオフの出力がゼロとなるようにロータの2軸まわりにトルクを加えることによって，ロータは常に零位置に拘束されている．この2組のトルカコイルへのフィードバック信号は2軸まわりの入力角速度に比例する電流であるため，この信号を読み取ることによって2軸まわりの角速度を検出することができる．

　ジャイロモータは，チューニング条件を精度良く保つために同期型のヒステリシスモータとしている．

　フレクチャは機械的なバネであり，ジャイロモータの回転トルクをロータに伝達するための剛性が要求されるとともに，スピン軸に直角な2軸まわりの柔軟性が要求されている．このため，フレクチャは曲げに対する高い剛性と，ねじれに対する柔軟性を兼ね備えた構造を有している．

（3）特　徴
〈長　所〉
- 1個のジャイロで2軸の角速度が検出できる．
- 寸法，形状に対して高精度である．
- 構造上部品点数が少なく，信頼性が高い．
- ピックオフコイル，トルカコイル信号の入出力にスリップリングを用いないため，接点ノイズが発生しにくい．
- ロータがジンバルの外側にあるため，ロータの慣性モーメントが大きく，角運動量が大きくとれるため，低ドリフトレートである．

〈短　所〉
- ダイナミックレンジ（角速度検出範囲）に限界がある．
- ジンバルの1次振動（$1N$）による振動ノイズを低減する目的で，出力回路にノッチフィルタを入れるため，周波数特性に限界がある．

- 構造上G感ドリフトがある．
- 機械式ジャイロであるため，寿命，耐環境性に難がある．

(4) 回路

DTGの入出力はDC入力，DC出力であり計測器材への信号の取り込みが容易である．

リバランス回路の大きさは，近年の電子部品の小型化，SMD（表面実装）化によって100mm×50mm程度まで回路の小型化が進んでいる．

なお，DTGはトルカコイルに流れるフィードバック電流を読み取るため，電流を流すためのオペアンプが必要であり，高角速度が連続して入力される場合にはオペアンプの放熱について考慮する必要がある．

2.2.3　1自由度角速度検出ジャイロ

(1) レートジャイロ

レートジャイロは1自由度のジャイロであり，入力軸まわりの角速度を検出し，それに比例した電圧を出力するジャイロである．構成概略図を**図2.14**に示す．高速回転しているジャイロロータのスピン軸と直交した入力軸まわりに角速度が印加されると，出力軸（図のT－T′軸）まわりにプリセッショントルクが発生する．このトルクをスプリングあるいはトーションバーで拘束することで，角速度に比例した偏角が生じる．この偏角を角度検出器で電気信号に変換し，出力する．

レートジャイロには種々のものがあるが，**図2.15**に示すタイプを例にして説明する．レートジャイロは，主にジャイロモータ，ジンバル，ダンパー，スプリングなどで構成される．ジャイロモータはジンバル内に収納され，ジンバルは密封されている．ジンバルはトーションバーで支持され，検出器が取付けられている．ジンバルとケース間にはダンピング用のオイルが充満され，粘性抵抗減衰器としてダンパーの役割を行なう．

ダンパーは，粘性抵抗の温度変化を補償するように材料，構造を考えて作られている．

また，ベローズは，オイルの温度による体積変化を吸収するように設けられている．なお，このオイルは，ジンバルをオイル内でフロートする役目もある．このようにケースを密封形にして中にオイルを入れてあるものを湿式ジャイ

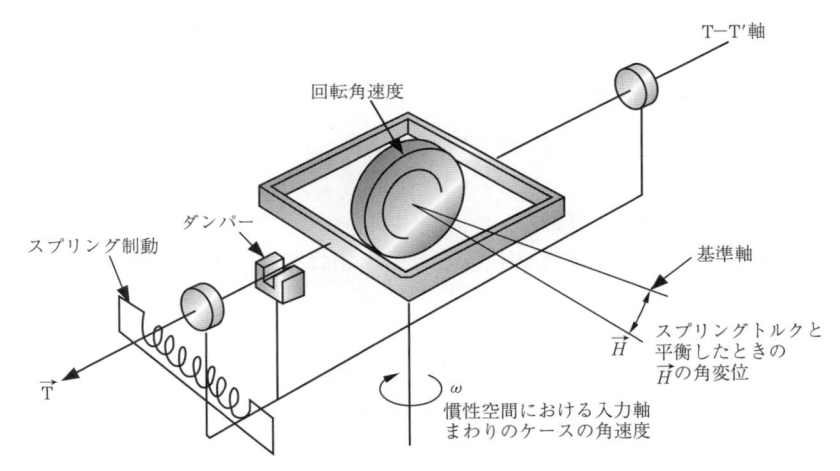

図2.14 レートジャイロの構成

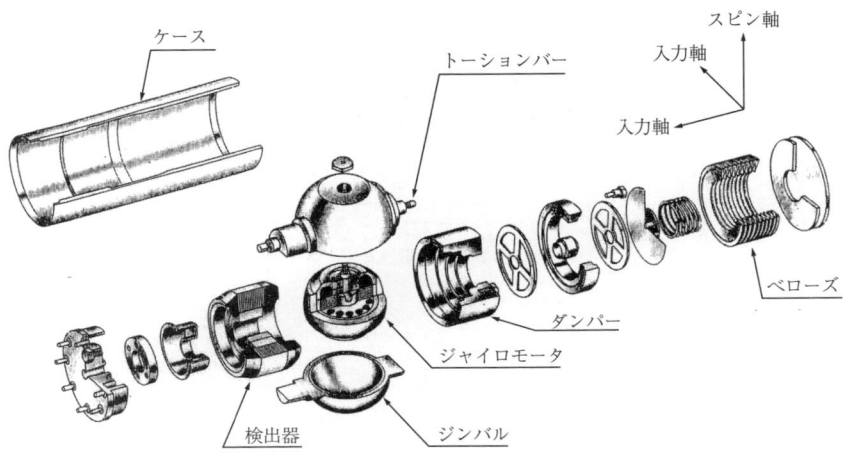

図2.15 レートジャイロ内部構造

ロ，単に気体が入っているものを乾式ジャイロと呼んでいる．

ジャイロモータは一般にヒステリシスモータが使われ，その回転数は24,000rpmである．レートジャイロのブロック線図を**図2.16**に示す．ブロック線図より，レートジャイロの伝達関数G（入力角速度に対するジンバルの変位角）は，以下となる．$\frac{d}{dt}=s$として，

$$G(s)=\frac{H}{Js^2+Cs+K} \quad\quad\quad\quad\quad\quad\quad\quad\quad\quad (2.1)$$

(2.1)式より，定常状態ではジンバル変位角が入力角速度に比例することがわかる．このレートジャイロは，従来から最もよく使用されており，検出精度は一例として1×10^{-2}°/秒程度，重力誤差が4×10^{-2}°/秒／g程度である．つまり，静不釣り合いによる誤差が比較的大きい（gは重力加速度を示す）．

(2) レート積分ジャイロ

レート積分ジャイロは1自由度で，角度または角速度検出を行なうジャイロで，その原理，構造ともレートジャイロに類似している．しかし，相違点はプリセッショントルクと釣り合うスプリングあるいはトーションバーがなく，その代わりにダンピングオイルの粘性抵抗を利用して釣り合わせることで，一種

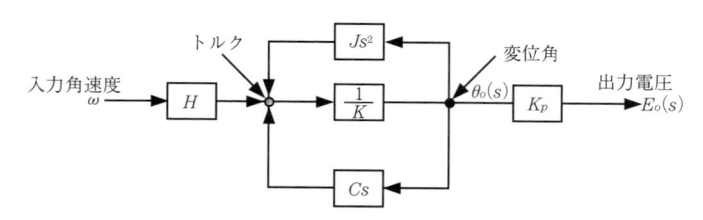

J：出力軸まわりの慣性モーメント
K：スプリング定数
K_p：感度
H：スピン軸に関する回転体の角運動量
C：粘性抵抗
s：ラプラス演算子
$E_o(s)$：出力電圧
$\theta_o(s)$：出力軸の角変位

図2.16　レートジャイロのブロック線図

の積分器(時間で積分)の働きをもたせていることである．したがって，入力角速度の積分値に比例した角度信号を出力するジャイロである．

　また，レート積分ジャイロにはトルカが付けてあり，入力角速度の積分値に比例したジンバル変位角を元に戻すことができる(ジンバルの零追従)．これはレートジャイロにおけるスプリングの働きをトルカに置き変えたものであり，トルカの発生するトルクは流れる電流に比例し，トルクが入力角速度に比例することから，この電流値を出力することで，レート積分ジャイロは，レートジャイロとしても使用できる．

　また，レート積分ジャイロは誤差を少なくするために，ジンバルとダンピングオイルの比重を同じにしてジンバルを流体中に浮かせ，軸受部分の負荷や摩擦を軽減し，耐衝撃性，耐振動性を強くする構造としている．レート積分ジャイロの構造を**図2.17**に示す．

　レート積分ジャイロの伝達関数は，レートジャイロの伝達関数（2.1式）より$K=0$としたものである．下記に示すように，$\tau \cdot s \ll 1$のときには，ジンバ

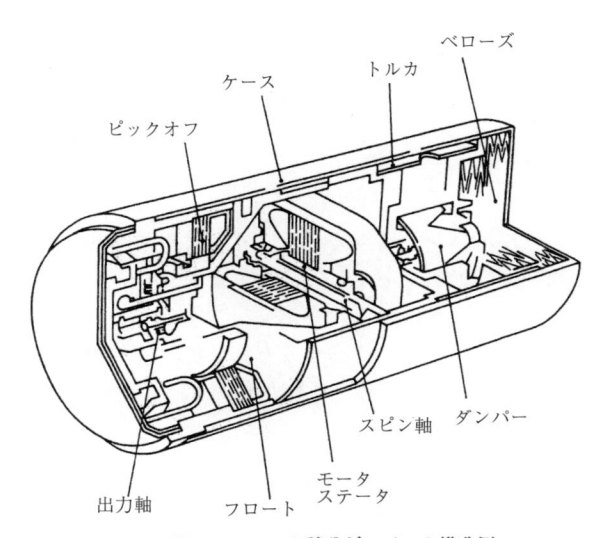

図2.17　レート積分ジャイロの構造例

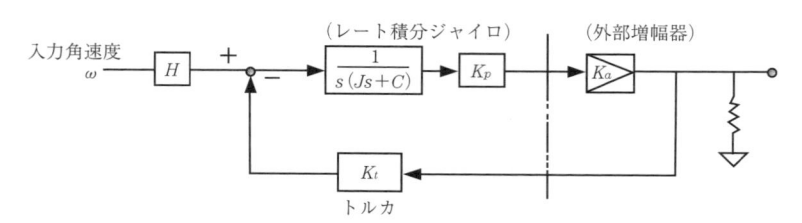

図2.18　レート積分ジャイロを角速度検出器とした場合のブロック図

ル変位角 θ が角速度 ω を積分したものに比例することから，レート積分ジャイロと呼ばれている．$\frac{d}{dt}=s$ として，

$$G(s)=\frac{\theta_\circ}{\omega}=\frac{H}{Js^2+Cs}=\frac{H}{Cs(1+\tau s)} \cong \frac{H}{Cs} \quad\quad\quad (2.2)$$

また，レート積分ジャイロをそのトルカを用いてレートジャイロとして使用する場合のブロック図を**図2.18**に示す．レート積分ジャイロをレートジャイロとして使用した場合には，通常のレートジャイロの場合より角速度の検出範囲が狭くなるが，精度が向上するという利点がある．

2.2.4　コリオリの力を利用したジャイロ

(1) ガスレートセンサ

① 原理と構造

ガスレートセンサは流体ジャイロであり，ガス流が角速度によって偏流することを応用した角速度検出器である．ガス流を利用していることから，ガスレートセンサと名付けらている．

ガスレートセンサは，角速度を検出するセンサ部と電子回路により構成される．一般的なガスレートセンサの構造を**図2.19**に示す．まず，ポンプによって内部に充填されたガスが循環し，ノズルによって噴出したガス流は徐々に広がり，ホットワイヤを通過するときのガス流の速度分布が**図2.20**のようになる．この2本のホットワイヤは**図2.21**に示すようなブリッジを構成しているので，角速度が加わっていない状態では2本のホットワイヤにあたる流速は等しく，

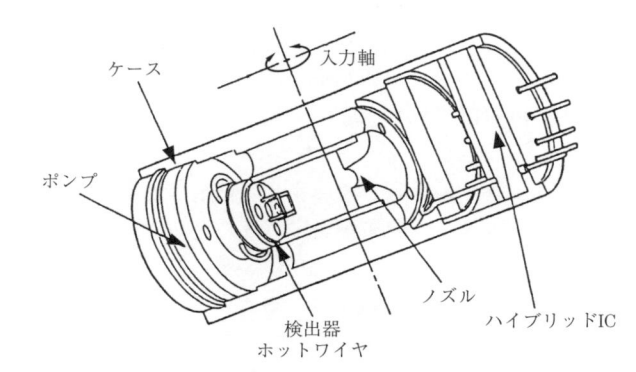

図2.19　ガスレートセンサの構造

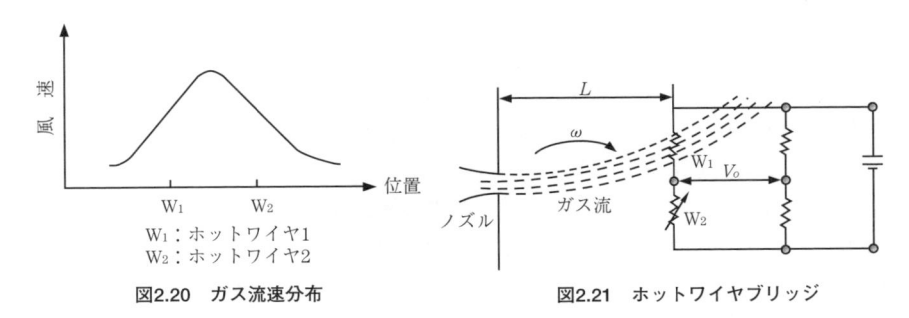

図2.20　ガス流速分布

図2.21　ホットワイヤブリッジ

電流により温度上昇するホットワイヤを均等に冷却する．そのため，2本の温度は等しくなる．結果として，**図2.21**の出力電圧V_0はゼロである．角速度が加わると，ガス流にコリオリの力が働き，ガス流は偏流する．ガス流の偏流により，2本のホットワイヤにあたるガス流速に差が生じる．早い流速の当たるホットワイヤの抵抗値が下がり，遅い流速の側の抵抗値が上がる．そのためにホイートストンブリッジの平衡が崩れて，出力電圧V_0が発生する．

　コリオリの力の働く方向は，入力角速度軸とガス流速方向の互いに直交する軸方向である．ガス流速をv，入力角速度をω，コリオリの加速度をα，ノズルとホットワイヤ間をLすると，ガス流の偏移量が微小な範囲においては，

$$\alpha = 2 \times v \times \omega$$

ガス流のノズルとホットワイヤ間の到達時間をtは，

$$t = \frac{L}{v}$$

となる．よって，ガス流の偏移量 Y は，

$$Y = \omega \times L^2 / v$$

となる．上式からわかるように，入力角速度と偏移量は比例し，ホットワイヤブリッジの出力電圧は，ガス流速分布が一定傾度の範囲では入力角速度に比例する．

　ホットワイヤブリッジからの出力電圧は，最大角速度入力時でも数mVしか得られないので，電子回路部で実用的に使用できるレベルまで増幅される．

　ポンプ部は，ガス流を発生させる．圧電素子とそれによって閉じられた気室からなり，圧電素子を数kHzで振動させ，気室内に圧力変化を与える．この圧力変化によって圧電素子に設けられた開口部より，ガス流として噴出させる．

　ホットワイヤは，ガス流の偏移量を電気信号に変換するものである．その構造は，4本の電極ピンに2本の極細線（直径数 μ m）を溶接などで固定したもので，電流を流して発熱することからこの名がついている．

　電子回路部は，ポンプを振動させるための発振回路，ホットワイヤを発熱させるための電源回路，ホットワイヤブリッジからの信号を増幅させるための増幅回路から構成されている．これらの回路が，ハイブリッド化され，センサと一体化されるものもある．

　② 特　　長

　ガスレートセンサを従来の機械式レートジャイロ（第2章2.2.3項参照）と比較すると，つぎのような特長がある．

- 回転部分，摺動がないので，長寿命・高信頼性
- 起動時間が短い
- ヒステリシスがない
- 電源，信号共に直流で，消費電力が少ない
- 振動・衝撃に強い
- 過度の角速度入力に対してもダメージを受けない

　ガスレートセンサは，オフセット電圧（入力角速度がゼロのときの出力）が，従来の機械式レートジャイロに比べて大きい．また，使用温度環境下で変化す

る．使用にあたっては，このオフセット電圧の影響を考慮する必要がある．オフセット電圧を小さくするためには，センサを一定な温度コントロールする方法，また，動揺の検出などにおいてはハイパスフィルタを通して直流分（オフセット電圧）を消去する方法などを用いている．

(2) 振動ジャイロ
① 原　　理
　振動ジャイロの原理は，「速度をもったものに角速度が印加されると速度と角速度がともに直交する方向にコリオリの力が生じる」という，コリオリの力を利用している．従来のレートジャイロに比べて，振動ジャイロは速度とコリオリの力を弾性体の振動の中で生み出しているので，回転体がない角度センサとなっている．ベアリングなどの摩擦部分がないので長寿命であり，起動時間が短い．さらに，構造が簡素ゆえに小型化に適しており低消費電力で安価である．そのため，各種カメラの手ぶれ防止，車輌のナビゲーション，姿勢制御などの角速度センサとして実用化が進んでいる．

　図2.22に振動ジャイロの力学モデルを示す．いま，質量mがx軸方向に振動

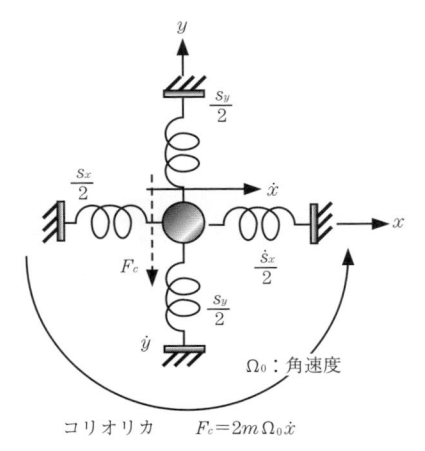

（力学モデル図：Ω_0：角速度，コリオリ力　$F_c = 2m\Omega_0 \dot{x}$）

図2.22　振動ジャイロの力学モデル

速度 $\dot{x}$ で振動している状態で角速度 Ω_0 が印加されると，コリオリの力が y 軸方向に発生し振動が励起される．この振動振幅は角速度に比例するので振幅を検出することで，入力角速度を知ることができる．このモデルを，**図 2.23** のような横振動双共振音片のような弾性振動体で構成し，圧電的に駆動および振動検出をしたものが圧電振動ジャイロである．

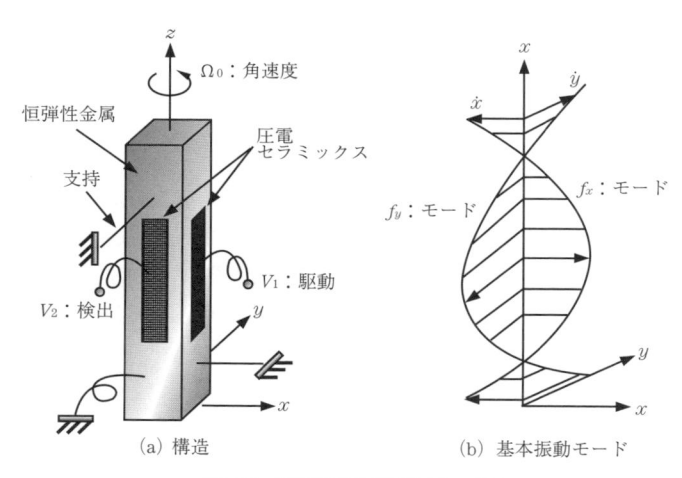

図 2.23 横振動双共振音片ジャイロ

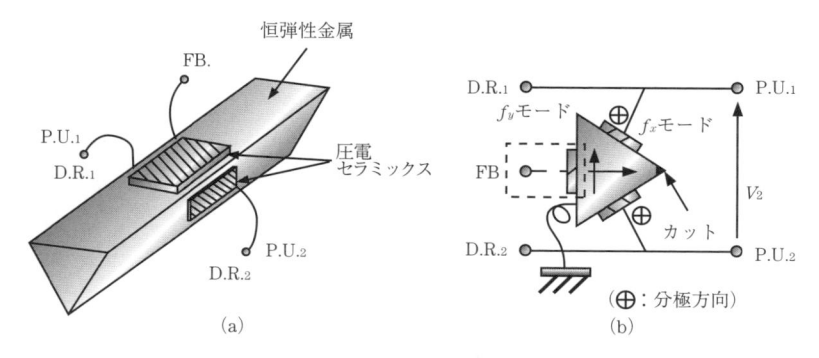

図 2.24 ㈱村田製作所の正三角形断面音片ジャイロ

② 構　成

各種の振動ジャイロの構成例を図を中心に示す．

図2.24は㈱村田製作所で開発された正三角柱断面音片ジャイロで，一対の接着圧電セラミックスで駆動と検出を行なう独自の考案である．図2.25は，㈱トーキンの圧電セラミック単体構成を特徴とする音片ジャイロである．図2.26

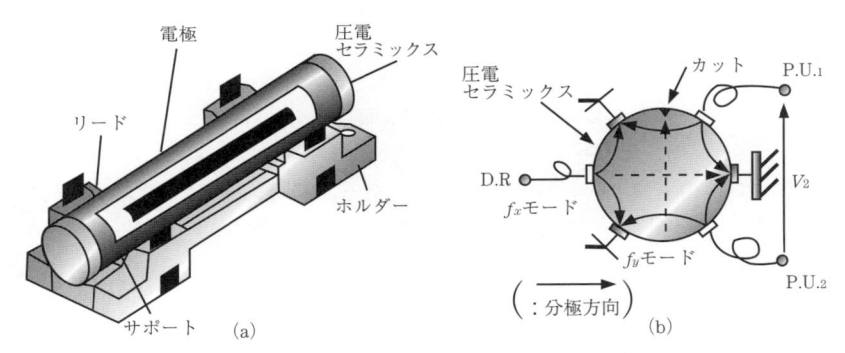

図2.25　㈱トーキンの圧電セラミックス単体音片ジャイロ

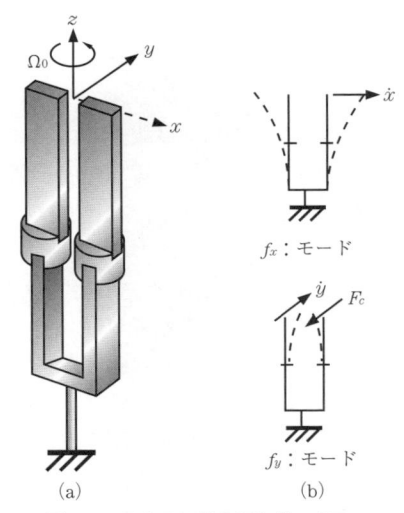

図2.26　ワトソン社の音さジャイロ

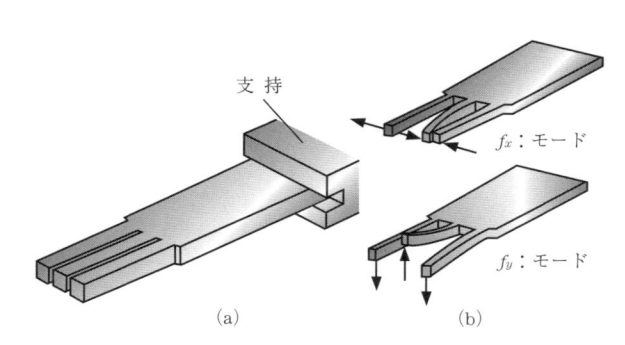

図2.27 アルプス電気㈱の3脚音叉ジャイロ

はワトソン社の直交アーム音叉ジャイロである．また，**図2.27**のような3脚音叉型のように，多脚の振動子を用いた構成のものも提案されている．

今後，MEMS技術を取り入れ，さらに小型で高性能な振動ジャイロの開発が望まれている．

(3) マルチセンサ

マルチセンサは素子自体が電気を出すピエゾ素子を用い，ピエゾ素子を回転させることにより方向性誤差をキャンセルさせ，角速度および直線加速度を同時にできることを特徴としたジャイロである．

マルチセンサはケース外部からの角速度入力および加速度入力が，印加されたときの等速円運動をしている質点に加わる加速度を利用するもので，角速度は質点に作用するコリオリの力の加速度分，加速度は実際に質点に作用する加速度からそれぞれ得る構造となっている．

図2.28に具体的な検出部の概念図を示す．検出部は2枚1組のピエゾ素子を角速度検出用および加速度検出用に各1組みづつ，計2組有している．このピエゾ素子が質点への力によって破線のように曲げられて力に比例した電圧を発生し，この電圧はスリップリングを経由して外部へ出力される．この電圧の波形はピエゾ素子の回転角に対して1回転毎に正弦波になるので，回転角を基準とする位相判別回路で処理し，X軸，Y軸の成分に分けられる．これによりマルチセンサ1個で2個の角速度と加速度が検出できることになる．

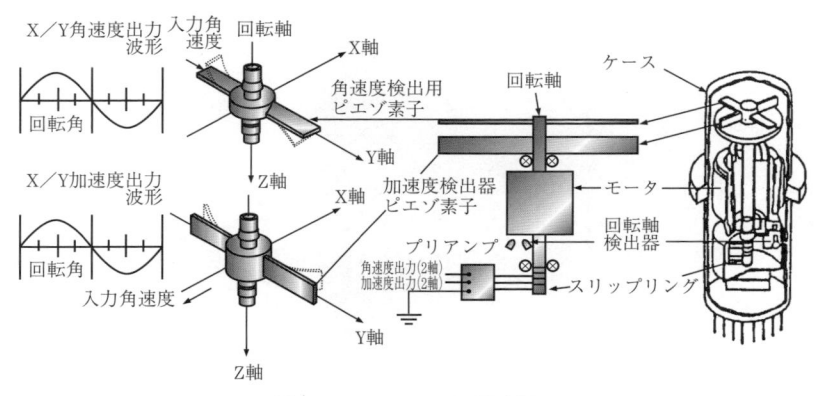

図2.28　マルチセンサの概念図

2.2.5　サニャック効果を利用した光学式ジャイロ

(1) リングレーザジャイロ

　光ジャイロに，リングレーザジャイロといわれるジャイロがある．このジャイロは，光ファイバジャイロが光を注入するパッシブ方式とすれば，リングレーザジャイロはそれ自身が発振するアクティブ方式ということができる．原理的にはサニャック効果による検出方法であるため，光ジャイロに分類される．また角速度の検出方法としては，光路差を位相差で検出する方法と発振周波数差を検出する方法がある．光ファイバジャイロに比べ，リングレーザジャイロは発振周波数差を検出するのが一般的である．

　図2.29に代表的なリングレーザジャイロの構造を示す．細管加工されたガラスブロックの中に封入されたHe-Neガスが，陰極と左右の陽極間に電圧を加えることにより内部のガスが左右に発振を始め，右周りの光と左回りの光が発生する．本来，球形の光路が製作できればよいが，ここでは光を回わすために各コーナーにはミラーが設置され光を反射させている．

　このミラーは，反射率が99.99％といわれるきわめて反射率の高いミラーであり，酸化シリコンにコーティングを何層も施し特殊な研磨剤で研磨された表

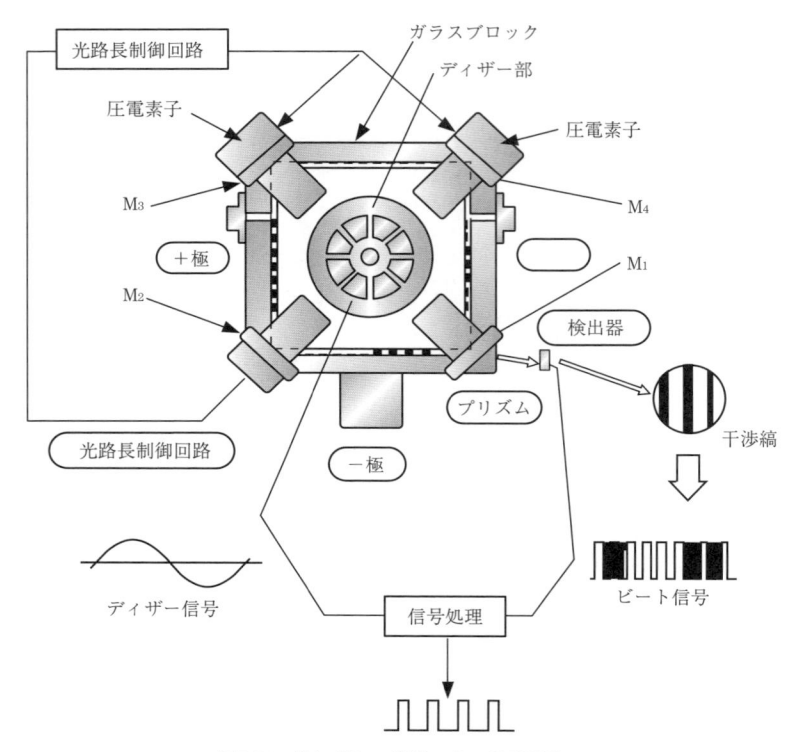

図2.29 リングレーザジャイロの原理図

面粗さが1オングストローム以下というきわめて製造がむずかしく，高価なミラーである．このミラーによって，発振した右回りの光と左回りの光が光路に沿って発振する．また各ミラーは，光路の長さが温度によって変化しないように，圧電素子によりその長さを微調整する構造になっている．しかし，通常ガラスに使われる材料は，熱膨張係数がほとんどないといわれる世界で1社だけが扱っているゼロデュア®を使用している．

このようにして発振した光は，ミラーに取付けられたハーフミラーにより，外から観察することができる．通常，ホトディテクタを用いて観察するが，角速度が印加されないときは干渉縞として観察される（干渉縞を得るためにハー

フミラーで右回りと左回りの光に少し位相差をつけているので)．そして一旦角速度が印加されると，それがビート信号となってカウントすることができる．したがって，リングレーザジャイロは，基本的に（生まれながらに）その検出がデジタルであり，高いダイナミックレンジをもつものである．

　通常，このジャイロを使う慣性航法装置は，地球の自転の量から北を見つける操作（アライメント）があり，その意味では$0.01°$/時という精度が必要で，また，航空機の回転では$400°$/秒までの運動を計測する必要がある．このダイナミックレンジは，100000000であり，これを電圧換算すると10Vに対して$0.1\mu V$を正しく検出することになるので，いかにリングレーザジャイロが優れているかが理解できる．

　しかし，入力角速度が小さいときには干渉縞だけが出力され，ビート信号にならないというロックイン現象というものが存在する．これは，右回りと左回りの光の速度差が少ないために光が結合してしまうためであり，この現象を防ぐためにジャイロを機械的に左右に動かす必要がある．この機構をディザー機構と呼んでおり，この機構で微小な角速度を検出できるようになると同時に，少し厄介なランダムノイズを発生させる原因にもなっている．

　上述のように，リングレーザジャイロで技術的にむずかしい部品の1つにミラーがある．できるだけミラーの数を少なくして光を回転させるには，三角形が効率的であり従来のリングレーザジャイロはそのほとんどが三角形である．しかしここでは，弊社が技術提携している米国KGN（Kearfott Guidance & Navigation）社が開発した3軸一体型のリングレーザジャイロ（MRLG = Monolithic Ring Laser Gyro）について述べる．1軸毎の動作に関しては，それぞれを分解した形で理解いただきたい．

　このジャイロは，**図2.30**に示すように，3個のリングレーザを1つのガラスブロックの中に相互に直行させて一体化することで小型・軽量化を実現している．各軸は四角形の光路になるので，1軸毎のミラーの数は多いが，3軸一体型とすることで各ミラーが2軸のジャイロを受け持つので，総合的には少ない数で構成することができる．さらに各軸に必要なディザーも3軸の真中に構成することで，1軸ですませることができるのも大きなメリットである（**図2.31**）．

　このリングレーザジャイロの特長を，その構造・原理とともに以下に説明する．

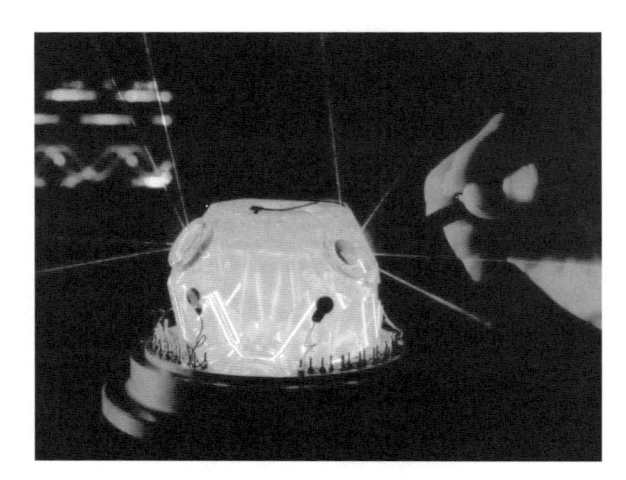

図2.30 MRLGの外観．3個のリングレーザを1つのガラスブロックの中に，相互に直交配置させて一体化している．これにより小型化および高い安定性の特長が加わる．

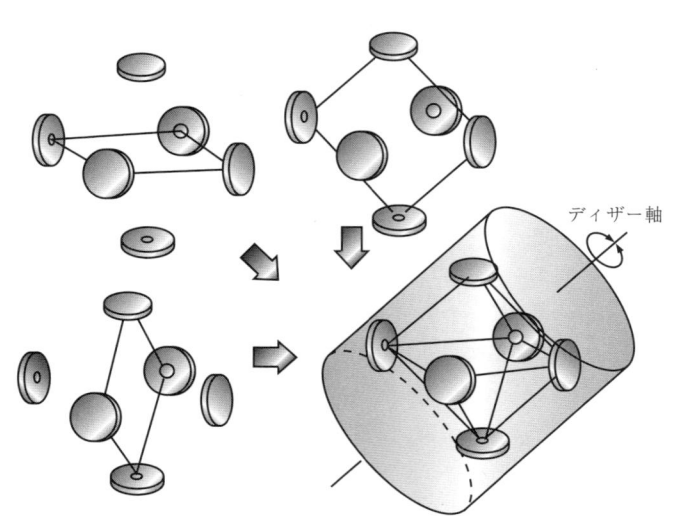

図2.31 MRLGの構造．正四角形のリング共振回路を採用して，3軸ジャイロを一体化する．同時に，各軸のミラーを共用化して高価な光学部品の使用数量を減少できる．

① 小型・軽量

1個のガラスブロックの中の1点を中心として，直行した3軸方向リングレーザジャイロを立体的に配置したので，従来のリングレーザジャイロ3個を組み合わせて3軸方向を検出していたジャイロに比べて，体積および重量とも1／3に削減できた．

② 高分解能

共振型リングレーザジャイロの原理をそのまま使用することにより，He-Neレーザの波長に対応した高い分解能と高い安定性を得ることができる．角度の分解能は，0.5～0.8秒（角度の秒）またその1／4倍である．

③ 高精度

地球の自転成分を検出して，このデータにより真方位角を正しく検出することができる．精度はリング共振器の大きさでも左右され，ランダムノイズの規定もあるので，**表2.1**を参照いただきたい．

④ 温度安定性

表2.1　MRLGの主要性能

性能項目／型式		T−24	T−16B
リング共振器の光路長	(cm)	24	16
出力角度分解能	(arc・s)	0.5	0.8
バイアス安定性	(度／時, 1σ)	0.008	0.3
ランダムウォーク	(度／$\sqrt{時}$, 1σ)	0.002	0.05
スケールファクタ安定性	(ppm, 1σ)	5	50
アライメント安定性	(arc・s)	2	25

バイアスは入力角速度の大きさに関連しない出力の誤差を示す．ランダムウォークは，文字通り動作中に出力に重畳し発生する正規分布のノイズ成分を意味する．また，スケールファクタは入力角速度に対する出力の比例定数の誤差を表す．さらに，アライメントは直交配置されている3軸の出力間の直交誤差を表す．ジャイロ自身がもつ固有の不変の誤差，たとえば，固定バイアスなどについては，システムとしてあらかじめ調整するときにすべて補正設定するものとして，その残留誤差および変動誤差のみの値である．

また，これらの値は，要求仕様により−54～＋71℃の全温度範囲に適用できる．これらの各性能は，その誤差の値が環境条件や時間経過により変化せず一定の値であれば，これを使用してシステムを構築するときに，正確に較正・補正しておけば，システムとしてはまったく誤差の原因とはならない．

温度・振動などの環境変化あるいは保管中・動作中の時間経過により発生する性能変化は，上記のような較正・補正ができない．そのため，この性能の不確定な範囲を安定性として規定している．

3軸一体構造により，内部要因，外部要因による温度変化が各軸のセンサ部に均一に伝播されるので，温度補正した後のシステム誤差の発生を最小限に維持できる．

⑤ **耐振安定性**

3軸一体構造のために，外部より加振されたときに各軸に発生する振動モードは均一であり，さらに各軸のリングレーザの配置が重心点に対して対称であるので，システム誤差の発生を最小限にすることができる．

⑥ **磁界安定性**

磁界感度は，リングレーザの光が囲む面積に比例して発生する．したがって，それを防ぐには全体をシールドする必要があるが，MRLGはガラスブロックが1つのため比較的容易にシールドできる．

⑦ **高信頼性**

3軸一体型のために，リングレーザジャイロの機能部品が約半分になり，従来品に比べ高い信頼性を維持できている．

⑧ **低価格**

3軸一体構造のため，構成部品を共有化することが可能になり，またそれにより組立時間，検査時間を大幅に削減することが可能になった．そのため，低価格化を実現することができるようになる．

上述の特長があるMRLGの動作原理を，以下に具体的に述べる．MRLGを単軸で表すと，**図2.32**のようになる．ガラスブロックの中に，四角形のリング状の空間を作り，その各コーナーに，それぞれミラーを配置する．ガラス同士の結合のため，直接結合という技術を使う．そしてこの空間内にHe-Neガスを充填する．このブロックに，カソード（＋極）とアノード（－極）を設けて両電極間に2,000Vの高電圧を印加すると，He-Neガスがプラズマ状態に励起され発光する．

発光した光のうち，周囲に伝播し各ミラーで反射され周回して元の位置に帰ってくる光波のみをとらえ，その光の位相が元の光の位相と同位相となるように，すなわち周囲回路の長さが波長の整数倍になるように，ミラーの位置を修正する．これにより光波がこの光路を同じ位相で繰り返し周回する状態，すなわちレーザ共振状態になる．したがって，この光波がプラズマ領域を通過するとき，1周する間に生ずる損失に相当するわずかな光エネルギーを補給するだ

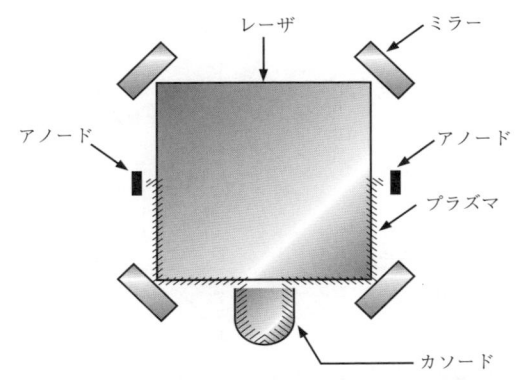

図2.32 MRLGの光路．ガラスブロックの四角形のリング状の空間を作る．その各コーナーにそれぞれミラーを設置する．この空間にはHe-Neガスを充満する．この空間にアノードとカソードを設け，両電極間に約2,000Vの高電圧を印加すると，He-Neガスがプラズマ状に励起され発光する．

けで，レーザの強度を一定に維持できるようになる．

このようなレーザ共振状態においては，図2.33のように光路を左回りするレーザの定在波と右回りするレーザの定在波が同時に発生して光路の空間に固定される．この状態において四隅のミラーの1つをハーフミラーとして光を取出し，左回りと右回りのレーザを干渉させると，干渉縞が見える．この光をホトディテクタで検出して電気信号に変えることになる．

今，このレーザ共振器が静止している状態を考える．ホトディテクタに当たる干渉縞の強さは変化しないので，電気出力は一定の状態で変化しないが，回転を始めると定在波は空間に固定されているにもかかわらず，ホトディテクタ（レーザ共振器）が回転するために干渉縞が移動し，この角速度に応じたパルスを出力する．入力角速度を（rad/秒）とすると，出力周波数（Hz）はつぎの式で表せる．

$f = 4A\omega/L\lambda$

ここで，Aは光路が囲む面積（m²），Lは光路の長さ（m），λはレーザの波長＝0.6328（μm）

また，このレーザの干渉縞を検出しても方向がわからないので，図2.34の

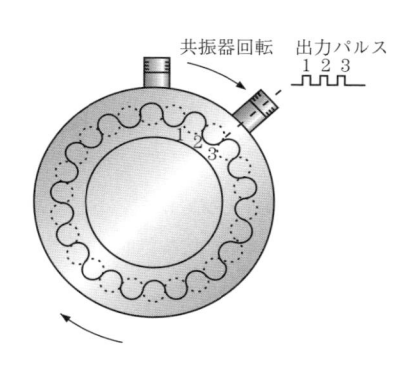

図2.33　MRLGの動作原理．レーザの共振状態においては，光路を左回りするレーザの定在波と，右回りするレーザの定在波が同時に発生して光路の空間に固定される．

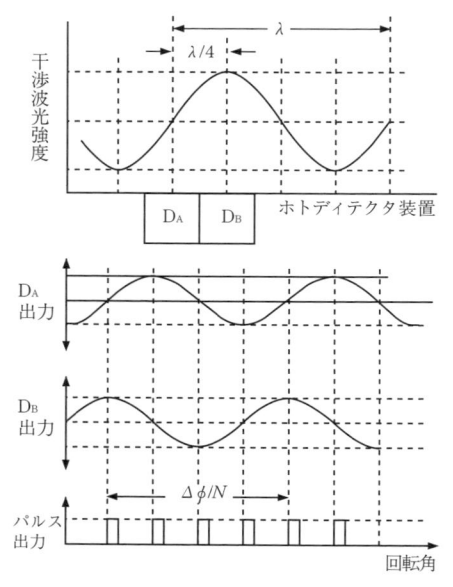

図2.34　レーザ干渉出力の検出方式．レーザの干渉波を検出するためには，2個のホトディテクタを $\lambda/4$ の間隔をおいて設置する．2つの出力信号により左右の回転方向を判別する．

ように2個のホトディテクタを $\lambda/4$ の間隔で取付けることにより左右の回転方向を検出したり，4分割回路を用いて1サイクルを4分割し分解能を向上させる工夫も行なわれている．

MRLG（3軸一体型リングレーザジャイロ）とRLG（リングレーザジャイロ）さらにはFOG（光ファイバジャイロ）との特性の比較を**表2.2**に示す．このようにRLGの性能を受け継ぎ，信頼性，コストを改善したMRLGは，今後の慣性航法装置において欠かせないジャイロの1つになっていくと思われる．

(2) 光ファイバジャイロ
① 原　　理
光ファイバジャイロ（Fiber Optic Gyro，FOG）の原理であるサニャック効果

表2.2 MRLG，RLG，FQGの特性比較

項目／種類		モノリシックジャイロ(中精度)	モノリシックジャイロ(高精度)	リングレーザジャイロ(RLG)	光ファイバジャイロ(FOG)
性能特性	バイアス安定性 (1σ)	◯0.03度／時 光路：固定	◎0.008度／時 光路：固定	◎0.08度／時 光路：固定	△1.0度／時 光路の変形
	スケールファクタ安定性(1σ)	◯40ppm He-Neレーザ	◎5ppm He-Neレーザ	◎5ppm He-Neレーザ	△100ppm 半導体レーザ
	アライメント安定性	◎3軸一体構造	◎3軸一体構造	◯3軸取付け	◯3軸取付け
	振動音	◯ディザー音：小	◯ディザー音：小	△干渉音：大	◎なし
環境特性	温　度	◎3軸一体構造	◎3軸一体構造	◯3軸取付け	△不等熱膨張
	振　動	◎3軸一体構造	◎3軸一体構造	◯3軸取付け	△内部応力
	衝　撃	◯単一ディザー	◯単一ディザー	△個別ディザー	◎ソリッド構造
	磁　気	◎光路16cm	◎光路24cm	◯光路32cm	△光路1000m
物理特性	サイズ（体積）	◎500cm³	◯950cm³	△2,600cm³	◎500cm³
	重　量	◎1.2kg	◯2.4kg	△6.1kg	◎0.65kg
	特殊電源要否	◯レーザ高電圧	◯レーザ高電圧	◯レーザ高電圧	◯温度制御用
	消費電力	◎3W	◎3W	◯6W	△10W＋温度制御
寿命		◯He-Neレーザ	◯He-Neレーザ	◯He-Neレーザ	◯半導体レーザ
想定価格比		◎1	◯1.5	△2	◎1
総合評価		◎性能・サイズ	◎性能・サイズ	◯性能重視	◯サイズ重視

は1913年フランスのサニャックによって発見され，1976年アメリカのバリ教授らによりその光路を光ファイバにより構成するFOGが提案され，半導体レーザの開発などにより近年急速に発展した．

　FOGは**図2.35**のように，センシングコイルに光ファイバを巻いたループ，光に位相の揃った光，到着の差は逆行する光を互いに干渉させることで検出するように構成されている．位相の揃った光を得るためにレーザ（後に説明するが，実際には純粋なレーザは用いない場合が多い）を使用し，光を分岐・結合するために光カプラを使用している．つまり，FOGはレーザから発光された位相の揃った入射光をカプラにより2分岐し，光ファイバでできたセンシングコイル中を互いに逆回りで進行させ，ふたたびカプラにより合成（干渉）させてその干渉パワーを検出するものである．

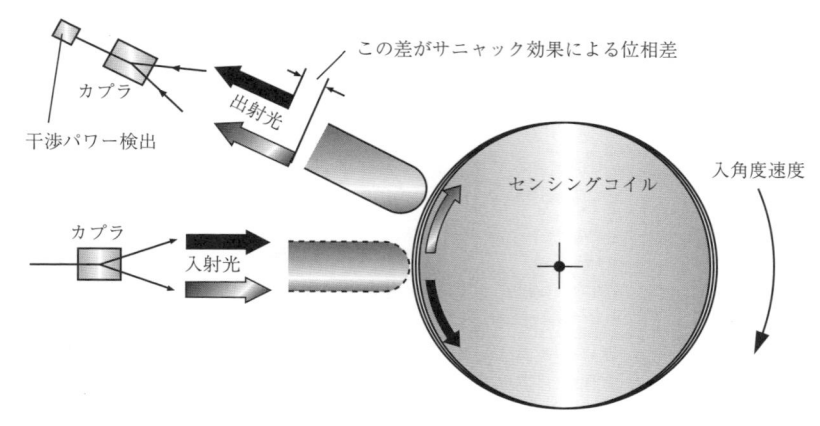

図2.35 FOGの概念図

　系が静止していると，右回り，左回り光の位相差は同じであり，干渉した結果光のパワーは最大となるが，系が回転をするとその干渉パワーが両回り光の位相差により変動することで変わる．FOGはこれを検出しているのである．
　これまで述べたことから，その光路長が長ければ長いほど両回り光の位相差が大きくなることは，容易に想像ができる．FOGのサニャック効果による光学的感度は，以下により表される．

$$\Delta\theta = \frac{4\pi La}{C\lambda} \cdot \Omega \quad\quad\quad\quad\quad\quad\quad\quad\quad\quad\quad\quad\quad\quad\quad (2.3)$$

ここで，$\Delta\theta$：サニャック効果による両回り光の位相差
　　　　L：センシングコイル長
　　　　C：（真空中の）光速
　　　　Ω：系の回転角速度
　　　　a：コイルの平均巻半径
　　　　λ：光の波長

② FOGの種類

　(2.3)式により，系に角速度が加わったときの両回り光の干渉位相差（つまり，サニャック位相差）が与えられるが，このままでは以下の問題点が存在する．

光の周波数は100THz（テラヘルツ；つまり10^{14}Hz）オーダーであり，現在この位相差を直接検出する手段は存在しない．そこで左右両回り光を干渉させて，光パワーとして検出する．すなわち，系が静止状態では左右両回り光の干渉位相差はゼロであるので干渉光パワーが最大となり，干渉位相差が増大するに従ってパワーが減少し，干渉位相差がπとなるところでパワーがゼロになる．つまり，検出されるパワーは，系に入力される角速度のcos関数となって表れる．cos関数は偶関数であり，しかも位相差零付近では変化率が小さいために，このままでは角速度センサとしては不向きである．

以上の問題点を解決するために当初種々の方式が提案され研究されたが，現在実用化の域にあるのは以下の方式である．

- 位相変調方式（干渉型）
- セロダイン方式（干渉型）
- リング共振型

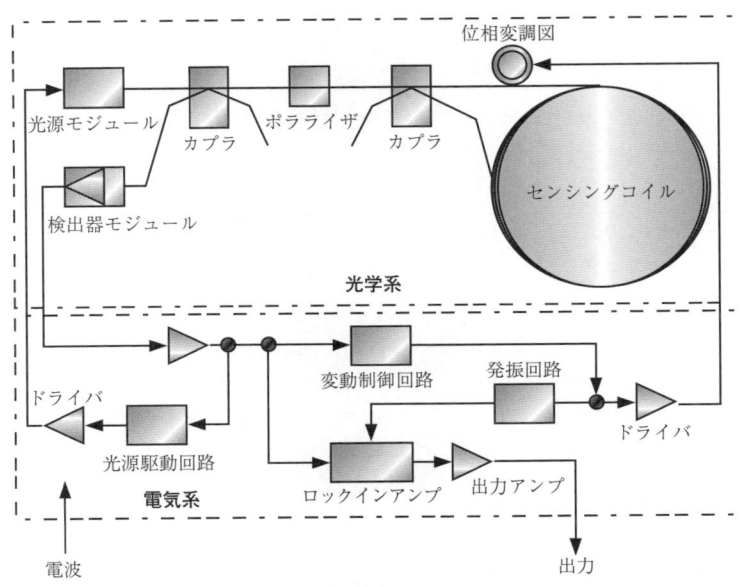

図2.36　位相変調方式FOGの構成図

それぞれに，短所，長所があるものの，本書では最も構成が簡単で安価に実現できる位相変調方式FOGを中心に，以降でその構成部品の説明とともに述べる．

1) 位相変調方式FOG

図2.36に，一般的な位相変調方式FOGの構成図を示す．また，各構成部品の機能・諸元は，以下の通りである．

【光学系】

● センシングコイル：	光ファイバをコイル状に巻いたもので，系が大きくファイバ長が長いほど感度が良い．光ファイバはシングルモードファイバまたは偏波面保存ファイバが使用される．
● カ プ ラ ：	光を分岐・結合するために用いられる．延伸型カプラや研磨型カプラなどがある．カプラを2個用いるのは，左右両回り光の行路差を完全になくすためである（カプラ内でのスルー，クロスの回数をまったく同じにするため）．
● ポラライザ：	光源からの光を直線偏向にするための偏向子である．直線偏向とは，光の振動面が一定方向である光波のことである．
● 光源モジュール：	発光源とそこから発せられた光をファイバに入射するためのモジュールである．発光源には半導体レーザや，SLD（スパールミネッセントダイオード）などが用いられる．SLDとは，半導体レーザの一種で，高輝度と低可干渉性を兼ね備えた光源である．ファイバ中ではガラスの分子や不純物などにより光が散乱されるため，半導体レーザはSLDに比べ可干渉性が良いためにかえって散乱による戻り光が不用意な干渉を起こして，ドリフトやノイズの原因となる．このため，SLDは干渉型センサに最も適した光源であるといわれている．

● 検出器モジュール：	ホトダイオードとプリアンプを組み合わせたモジュールである．
● 位 相 変 調 器　：	ピエゾ素子などに光ファイバを巻き付けたもので，ピエゾ素子に電圧をかけることでファイバを伸縮させ，位相変調をかける．

【電気系】

● 光源駆動回路　　：	発光源を駆動する回路である．半導体レーザは環境条件により発光パワーが大きく変動するので，光量が一定になるように制御をかけて使用するのが一般的である．
● 発 振 回 路 　　　＋ 　調制御回路　：	位相変調器をドライブするための発振回路である．変調を一定に保つため，変調制御をかけて使用するのが一般的である．位相変調器はこの交流信号に合わせて伸縮する．
● ロックインアンプ：	光学系から出た信号から変調信号に同期した成分を検波して，光学系からの信号に含まれる角速度情報を取り出す．

　先に述べた通り変調などを行なわないと，検出される信号は入力角速度に比例するサニャック位相差のcos関数で変化するため，図2.37のように位相変調を施して出力をsin関数に変換する．

　位相変調方式FOGの出力理論式は，以下の通りである．

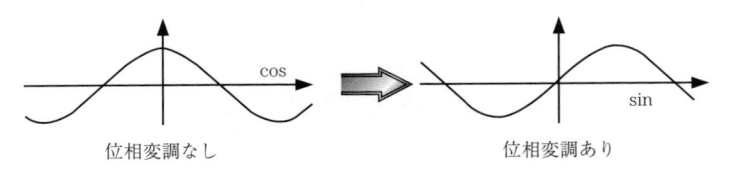

図2.37　位相変調の説明

$$S = \{E_L \sin[\omega_\lambda t + (\Delta\theta/2) + b\sin(\omega_m t + \phi)]$$
$$+ E_R \sin[\omega_\lambda t - (\Delta\theta/2) + b\sin(\omega_m t)]\}^2 \quad \cdots\cdots(2.4)$$

ここで,E_L,E_R:左右両回り光の振幅
ω_λ:光の角周波数
ω_m:変調角周波数
b:変調信号の振幅
ϕ:変調による左右両回り光の位相差

上式をBessel関数の手法を用いて計算し,次数ごとに展開する.

$$S = 1/2\,(E_L^2 + E_R^2) + E_L E_R \times J_{0(m)} \times \cos\Delta\theta$$
$$+ 2E_L E_R \times J_{1(m)} \times \cos(1\times\omega_m t) \times \sin\Delta\theta$$
$$- 2E_L E_R \times J_{2(m)} \times \cos(2\times\omega_m t) \times \cos\Delta\theta$$
$$- 2E_L E_R \times J_{3(m)} \times \cos(3\times\omega_m t) \times \sin\Delta\theta$$
$$+ 2E_L E_R \times J_{4(m)} \times \cos(4\times\omega_m t) \times \cos\theta$$
$$+ \cdots\cdots \quad \cdots\cdots(2.5)$$

ここで,$J_{n(m)}$は,変調指数mのときのn次波の係数(第1種Bessel関数)で,(2.5)式が位相変調方式FOGの光学系からの出力信号を示す基本式である.

Bessel関数については専門書にその説明をゆだねるが,一言でいうと変調信号の度合いによって,各n次波成分のゲインがBessel関数によって決定されるというものである.余談ではあるがBessel関数は,他にたとえば水面に石を投げたときの波面の振幅形状を示すようなときに使われる関数である.

電気系ではこの光学系の信号から,変調成分に同期した1次成分((2.5)式の2行目の部分)を検波することで,入力角速度のsin関数に比例した出力信号を得ることができる(図2.38,図2.39).

$$V = k\cdot\sin(\Delta\theta) = k\cdot\sin\left(\frac{4\pi La}{C\lambda}\right)\cdot\Omega \quad \cdots\cdots(2.6)$$

ここで,kは比例定数である.また,実際は変調制御などにより単純にsin関数に比例しない場合もある.

位相変調方式FOGの光学的検出限界はサニャック位相差$\Delta\theta$が$\pm\pi/2$で与えられるが,一般的には最大角速度が入力されたとき,この$\Delta\theta$がおよそ0.5〜0.7rad程度となるように電気的ゲインを割当てて設計されている.

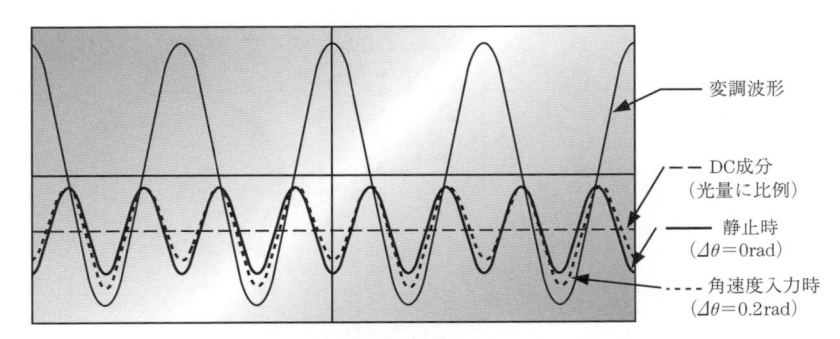

図2.38 位相変調方式FOGの光学系からの出力波形例

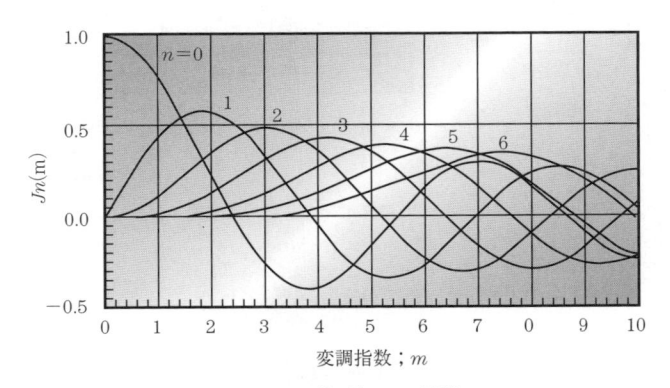

凡例:
- 変調波形
- DC成分（光量に比例）
- 静止時（$\Delta\theta=0$rad）
- 角速度入力時（$\Delta\theta=0.2$rad）

図2.39 第1種Bessel関数

位相変調方式FOG固有の特長としては，以下が挙げられる．
- オールファイバ型（光が1回も外に出ることなく，すべてファイバにより構成される）のため，環境性に優れている．
- 一般的な光部品を用いているため，低コスト化が可能である．
- 零点安定性に優れている．
- 原理的に出力がsin関数に比例する（補正可能）．

2）セロダイン方式FOG

図2.40にセロダイン方式FOGの構成図を示す．光の干渉によりサニャック

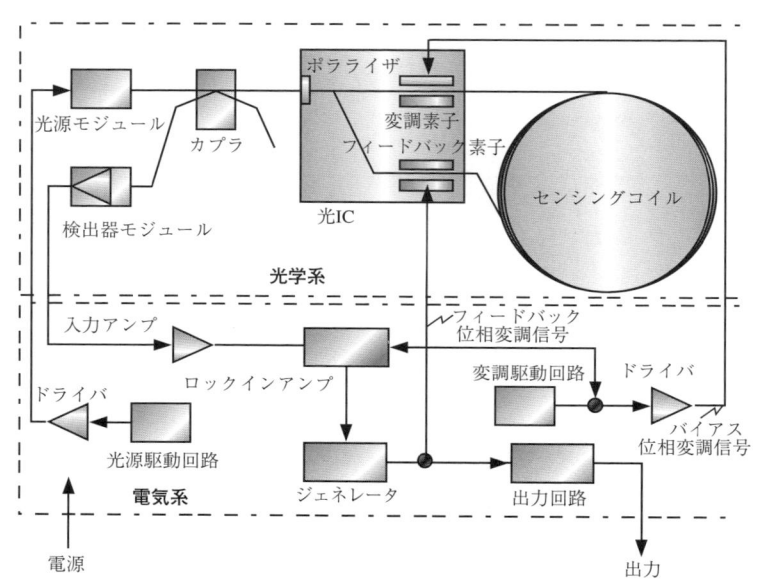

図2.40 セロダイン式FOGの構成図

効果を用いるまでは位相変調方式FOGと同じであるが，サニャック効果で発生した位相差をゼロにするようにトラッキングしていくので，位相変調方式FOGをオープンループ方式FOGというに対して，セロダイン方式FOGをクローズドループ方式FOGともいう．

光学系に角速度が加わると，ロックインアンプの出力は位相変調方式FOGと同様に，

$$V = k \cdot \sin(\Delta\theta) \quad (2.7)$$

となる．ここで，$\Delta\theta = \Delta\theta_S + \Delta\theta_F$ であり，$\Delta\theta_S$ はサニャック位相差，$\Delta\theta_F$ はフィードバック素子により生じる位相差である．セロダイン方式FOGでは，ロックインアンプからの出力が，ゼロとなるように動作する．つまり，$\Delta\theta_F = -\Delta\theta_S$ となるようにクローズドループを組むのである．

フィードバック位相差は，ニオブ酸リチウム（$LiNbO_3$）の光学結晶にシングルモードの導波路を作成した光ICによって生成される．通常，光ICには，カ

プラ，ポラライザなどの光学素子も一緒に作成されることが多い．

一方の変調素子にランプ波形を与えると，右回り光は，**図2.41**（a）で示す位相シフトを受け，一方，左回り光はセンシングコイルを通過する光の伝播時間τだけ遅れて同様の位相シフトを受ける．その結果，両光間の位相差は（b）に示すように生じる．

通常ランプ波形は，光の各周波数の周期性からちょうどフィードバック位相が2πラジアンのときにリセットされる．その結果，フィードバック位相差$\varDelta\theta_F$が継続的に保証され，セロダイン方式のFOGが実現される．

ここで，フィードバック位相差$\varDelta\theta_F$は，図2.41（a）より，$\varDelta\theta_F / \theta_R = \tau / T$の関係が成り立つので，以下のように表される．

$$\varDelta\theta_F = \frac{\tau}{T} \cdot \theta_R \quad\quad\quad\quad\quad\quad\quad\quad\quad\quad\quad\quad\quad\quad\quad\quad (2.8)$$

(a) フィードバック位相変調信号

(b) フィードバック位相差

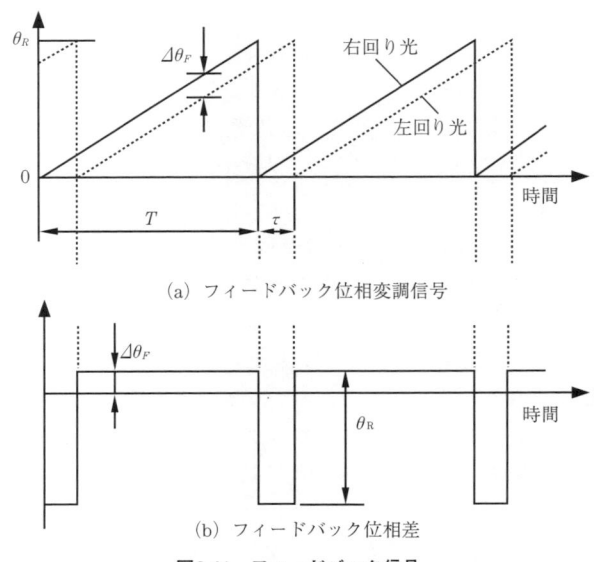

図2.41　フィードバック信号

ここで，τ：光の伝播時間（$\tau = nL/C$）
　　　　n：光ファイバの屈折率
　　　　L：センシングコイル長
　　　　C：光速
　　　　θ_R：フィードバック位相変調信号のリセット位相（$\theta_R = 2\pi$）

一方，サニャック位相差$\Delta\theta_S$は，

$$\Delta\theta_s = \frac{4\pi La}{C\lambda} \quad\quad\quad\quad (2.9)$$

であるので，クローズドループが達成された状態においては，

$$f = \frac{2a}{n\lambda}\cdot\Omega \quad\quad\quad\quad (2.10)$$

となり，ランプ波形の周波数fを計測すれば，系に入力された角速度Ωを求めることができる．

セロダイン方式FOG固有の特長としては，以下が挙げられる．
- 零位のためパワー変動の影響を受けにくく，感度安定性が良く，ダイナミックレンジが広くとれる．
- FOGに適した専用の光ICを設計する必要がある．
- 光ICとファイバを高い位置精度で，かつ低損失でつなぐ必要がある．

3）共振型FOG

共振型FOGはセンシングコイルを共振器として使う方式で，位相変調方式，セロダイン方式などの干渉型とは大きく異なる．

本方式は，系が回転しているとき，共振器内を左右に伝播する光の共振周波数に差が生じることを利用して回転角速度を計測するという点で，リングレーザジャイロとよく似ている．しかし，リングレーザジャイロは共振器内で光源を形成しているため，必然的に起こるロックイン現象に対する措置をとらなくてはならないが，共振型FOGは共振器の外に置くことができるため，ロックイン現象を考える必要がない．

共振型FOGでは，光学系が角速度Ωで回転すると，左右両回り光に行路差ΔLが生じ，共振器からの左右の出力が異なってくる．これは左右両回り光の共振周波数に差が生じたためで，この周波数差Δfは以下で与えられる．

$$\Delta f = \frac{4S}{\lambda L} \cdot \Omega \qquad \qquad (2.11)$$

ここで，S：センシングコイルの囲む面積
　　　　λ：波長
　　　　L：センシングコイル長

図2.42でわかるように，光源から出射された光はカプラC_1で2分岐され，カプラを通ってセンシングコイルに互いに逆向きに入射される．光はセンシングコイルを伝播し，C_2によってそれぞれ検出器モジュールへ導かれる．ここで使用されるカプラは共振性を鋭くするため，高分岐比のものが用いられる．

さて，カプラC_2で分岐し検出器モジュールで検出された光は，光源の変調波ω_mでロックインアンプにより同期検波され，共振特性の微分波形として得ら

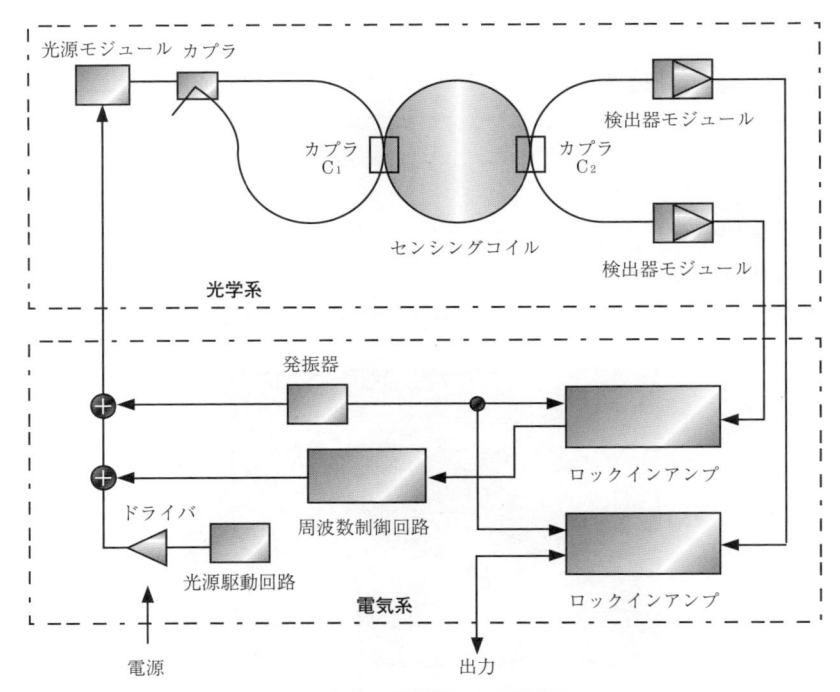

図2.42　共振型FOGの構成図

れる．この微分波形の零点は，共振波形のピーク値を示している．そこでロックインアンプの出力を周波数制御回路を通して光源の周波数にフィードバックをかけることにより，常にセンシングコイル内の左回り光を共振状態に保つことができる．このとき，右回り光の検出器の出力を同様にω_mで同期検波すると，角速度が加わったとき，同期検波出力は零点近傍の線形領域内において両回り光の周波数差Δfに比例した信号として得られる．

共振型FOG固有の特長としては，以下が挙げられる．
- 長いセンシングコイル長を必要としない．
- スペクトル幅の非常に狭い特殊光源や，低損失のカプラが必要である．

③ FOGの共通した特長

FOG（**写真2.1**）全般に共通した特長としては，以下が挙げられる．これらの特長により，FOGは今までジャイロの使用がむずかしかったような用途や場所に，広く採用されるようになった．

- 光学系の検出感度は，センシングコイルの形状や有効干渉長を変えることで容易に設計できるため，種々の精度要求に対して幅広く対応可能である（守備範囲が非常に広いジャイロである）．
- センシングコイルの形状を変えることで，ジャイロの形状の設計自由度が大きい（たとえば，物の隙間にセンシングコイルを配置したようなFOGが設計可能である）．
- 機械式ジャイロに比べ部品点数が少ないので，低コストである．

写真2.1　FOGの内部構造

- 可動部がないため，メンテナンスフリーである．
- 起動時間が短く，起動直後からの使用が可能である．
- 光を利用しているため，高い周波数応答性を得ることができる．

参考文献
(1) 岡田実；小田達太郎：航空機の自立航法装置，コロナ社（1972）
(2) 池内正躬；早川義彰：Tuned Dry Gyro，日本航空宇宙学会誌（1980）
(3) R. J. C. Craig : Theory of Operation of an Elastically Supported Tuned Gyroscope, IEEE Transactions on Aerospace and Electronic Systems（1972）
(4) E. W. Howe ; P. H. Savet : The Dynamically Tuned Free Roter Gyro, Control Engineering（1964）
(5) 新宮博公，大月正男：チューンドドライジャイロの近似伝達関数の有用性について（TR-720），航技研報告（1982）
(6) 山田博：サーボ用センサと応用技術，工学図書（1990）
(7) 富川義郎：超音波エレクトロニクス振動論 基礎と応用，朝倉書店（1998）
(8) G. M. Siouris：Aerospace Avionics System, Academic Press, New York（1993）
(9) 岡田健一，他；光ファイバジャイロの開発（RTM-88-35），レーザ学会研究会報告（1989）
(10) 高橋彦至，雑賀凉：光ファイバージャイロ，日本航空宇宙学会誌 第39巻第444号（1991）

第3章
傾斜計と加速度計

3.1 序論

　水平面を基準とした物体の傾きを検出する手段として，傾斜計と加速度計が利用される．傾斜計は通常，重力方向に吊るした重りと傾いた物体との間の偏差を検出器によって検出，または重りの代わりに液体を用いて液面の傾きを検出し，傾斜角として出力する装置である．

　傾斜計の出力は傾いた角度に比例し，そのまま物体の傾斜角として利用できるため使いやすい．傾斜計の周波数特性は低く，ゆっくりした動きにおける傾斜角または静止した状態の傾斜角の測定には有効であるが，加速度が加わるような環境下では，重力方向を基準とする重力加速度に異なった方向の加速度が合成され，真の傾斜角とならない．

　加速度計は物体に加わる加速度を検出する装置であるため，傾斜計のような重力方向の検出だけではなく，物体の前後，左右方向の動きも検出することができる．

　加速度計の出力は入力軸方向の加速度に比例するため，重力方向の検出ではその傾斜角に対して sin の関数として出力されることになる．ここで加速度計の周波数特性は数10Hz以上であるため，早い動きに対する有効な測定手段といえる．

　このため傾斜計は低周波領域における静的な動きを，加速度計は高周波領域も含めた動的な動き測定する装置といえる．

> **コラム**
>
> 　日本の加速度計市場に対して世界の国々から大きな期待を寄せられている．日本は地震が多く，また地震予知に力を注いでいることがその理由になっているようである．

3.2 傾斜計

傾斜計は重力方向に吊るした重りや液面と，傾いた物質との間の偏差を検出し出力する装置であり，振子型傾斜計，液面傾斜計などに分類される．

3.2.1 振子型傾斜計

振子型傾斜計には軸受けを介して吊り下げられた重りがあり，この重りは下方向が重いため常に重力方向を向いている．この重りの方向と傾斜計のケースとの間の傾きを，回転角検出器によって検出し出力するものであり，検出器としては，シンクロ，磁気抵抗素子，エンコーダなどがある．

構造的には振子の微少振動を抑制するため，重りはシリコンなどのダンピングオイル中にあり，重りがふらつかないようになっている．

図3.1に振子型傾斜計の製品例を示す．

3.2.2 液面傾斜計

液面傾斜計は，内部に封入された液体と周辺の静電容量検出器によりケースの傾斜角に対する液体の位置関係を検出し，傾斜角として出力するものである．具体的にはハウジング内に液体とガスが同量入っており，センサが水平のときは静電容量の変位検出器を浸している面積と同じになるが，ハウジングが回転したときは一方の検出器側に液体が片寄り，液体の検出器を浸す面積が一方は多く，一方は少なくなる．この容量の変化を傾斜角として検出し，出力するものである．図3.2に動作概念を示す．

液面傾斜計としては磁性流体を用いインダクタンスの変化で傾斜角を検出するもの，リング状の管内に電解液と気体を封入し円周上に取付けた電極間の傾斜角に応じた電気抵抗の変化で検出するものなどが実用化されている．

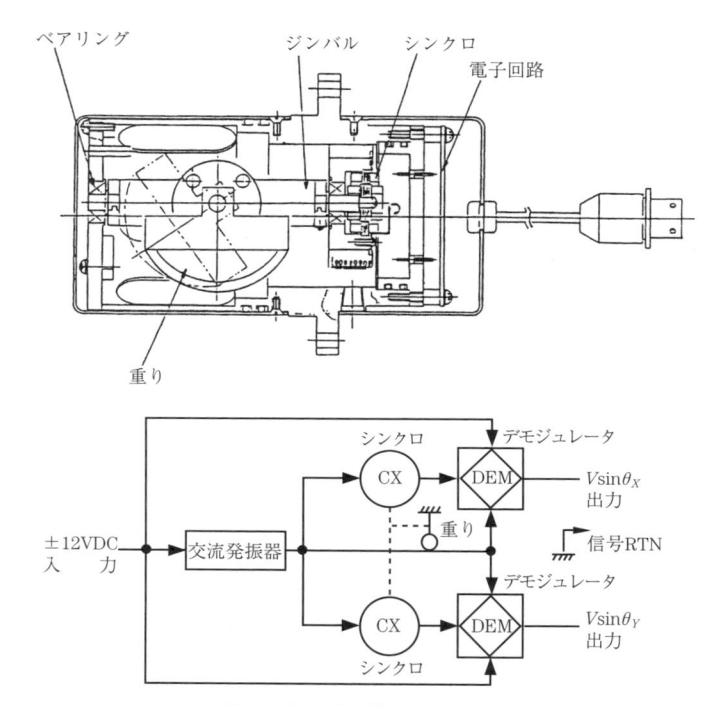

図3.1　振子型傾斜計の製品例

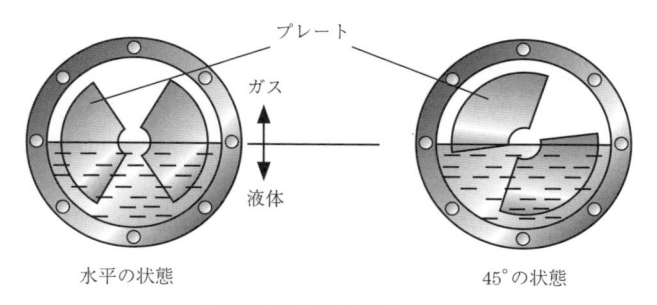

図3.2　液面傾斜計の動作概念

3.3 加速度計

　加速度という量は日常定量的に接する機会は少ないが，自動車，航空機の揺れ，機械振動，地震などによる揺れや振動などによって体感している力学量である．また，私達が常に受けている地球の重力も，加速度（$9.8\text{m/s}^2 = 1\text{G}$）である．

　加速度とは物体の速度が変化しているとき，時間に対する速度変化の割合のことであり，原理的には運動の第2法則の $F = ma$ による力（F）を検出するための物体の質量（m）を基準としている．

　加速度計は，直線運動を検出する直線加速度計と回転運動を検出する角加速度計に分類される．また直線加速度計はフィードバックループを構成するクローズループ型加速度計と，オープンループ型加速度計に分類される．その分類を図3.3に示す．それらの特性に応じて次頁のような分野で使用されている．

```
                        加速度計
                    ┌──────┴──────┐
                直線加速度計        角加速度計
            ┌──────┴──────┐
        サーボ型加速度計   オープンループ型加速度計
                        ┌────┬────┴────┬────┐
                   ┌────┤          ストレンゲージ型  圧電型
                   │    │
                振動型  SAW型      モノリシック型   半導体型
```

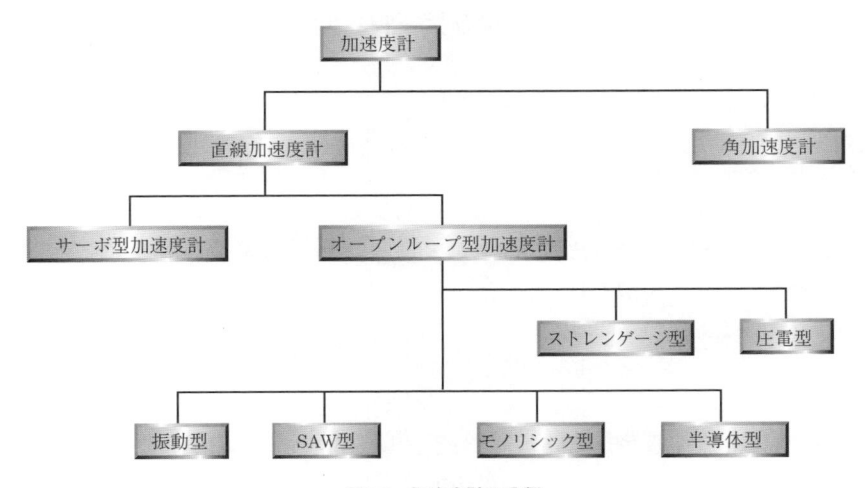

図3.3　加速度計の分類

① 低周波振動・傾斜計測，制御
② 高周波・高レンジの振動，衝撃計測
③ 航空機，ロケットなどの慣性計測装置やその制御用

3.3.1 圧電型加速度計

　圧電型加速度計は，圧電材料であるチタン酸ジルコン酸鉛などの結晶を用い，その両面に電極となる金属を取付け，その結晶に重りをつけた構造をしている．そこに加速度が加わると，圧電材料にひずみが生じ電極面に電荷が発生するという圧電効果を利用している．**図3.4**に圧電型加速度計の構造を示す．
　この圧電材料に生じるひずみには圧縮とせん断があり，それぞれに応じた圧電型加速度計がある．
　圧電型加速度計は圧電材料の固有振動数が高く設定できるため，周波数帯域が広いが，出力が小さいため微少加速度の計測は困難であり，低周波加速度の計測も困難である．

3.3.2　ストレンゲージ（ひずみゲージ）型加速度計

　図3.5に示す構造において，振子を取付けたアームの表裏にストレンゲージ（ひずみゲージ）を貼付けてブリッジ回路を構成している．加速度が作用するとアームが曲げられるため，ひずみゲージによる電気抵抗の変化から加速度に比例した出力が得られる．
　このひずみゲージの抵抗線の材料は，銅−ニッケル合金が一般的であり，小型・軽量で周波数帯域もDCから数kHzまであるため一般工業用などで広く用いられている．この銅−ニッケル合金の抵抗線は張力を加えると伸びて細くなり，その結果，抵抗線の電気抵抗が増加する．この作用を利用したのがひずみゲージである．
　最近では，ひずみゲージの抵抗線材料としてピエゾ抵抗素子などの半導体が使われるようになり，半導体ゆえの高出力感度，小型・軽量化が図れ，それが最近の主流になりつつある．

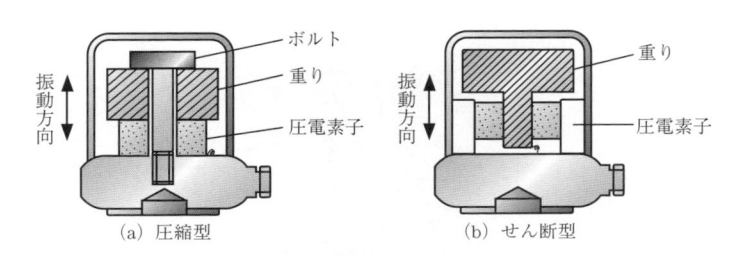

図3.4　圧電素子型加速度計の構造

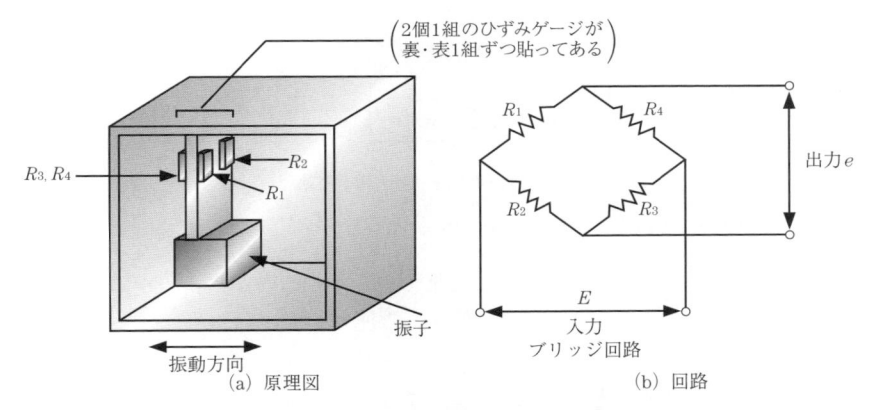

(a) 圧縮型　　(b) せん断型

図3.5　ストレンゲージ（ひずみゲージ）型加速度計の構造と回路

(a) 原理図　　(b) 回路

3.3.3　サーボ型加速度計

　サーボ型加速度計は，自由に動けるように吊り下げられた振子（重り）に加速度が加わったときの変位を元に戻すために必要な力を，加速度として求めるものである．図3.6に示すように加速度による振子の変位量をピックオフ（例：可変容量，可変インダクタンス，光量）で検出し，サーボ増幅器を通してトルカコイルに電流を流す．そして磁界の変化により振子が常に元の零位置になるようにフィードバックをかけ，力をバランスさせる．こうして磁界と電

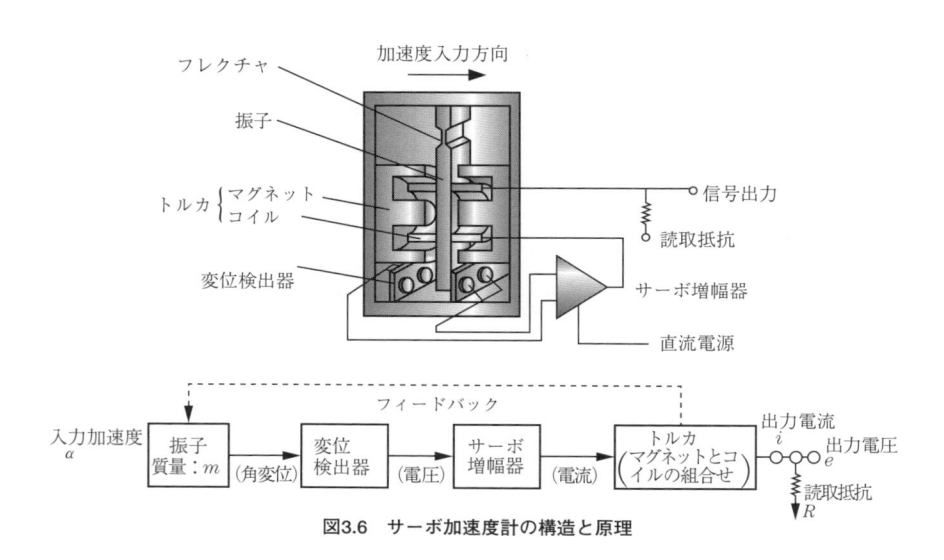

図3.6　サーボ加速度計の構造と原理

流によって力を発生させ，加速度と釣り合わせる．このときコイルに流れる電流を抵抗により読取り，加速度に比例した電圧として出力する．

　サーボ加速度計は振子が常にほぼ零位置に維持し加速度を検出するサーボ機構であるため，他の加速度計に比べ高分解能で微少加速度まで検出でき，高感度，高性能で，周波数帯域やダイナミックレンジが広くとれるため，航空機などの慣性航法装置をはじめ工業用にも広く使用されている．

3.3.4　磁性流体型加速度計

　図3.7のように磁性流体がケース内に封入してあり，磁性流体は磁石に引かれ表面張力で釣り合い，ケース内で安定した状態となっている．そこに加速度が加わると磁性流体が加速度の大きさに比例して変化を起こし，そのときコイル間のインダクタンスに変化が生じるのでこれを出力として取り出すものである．

　磁性流体型加速度計は機械的な接触部がないので，激しい振動，衝撃が加わっても磁性流体が拡散するのみで時間が経つと元通りに復元するため，耐環境

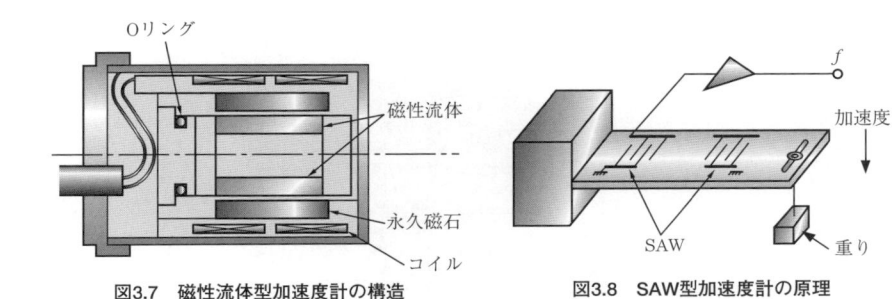

図3.7　磁性流体型加速度計の構造　　図3.8　SAW型加速度計の原理

性に優れている．
　しかし磁性流体を用いているため，高周波領域での応答が悪く，検出範囲も広くとれないという問題もある．

3.3.5　SAW型加速度計

　SAWとはSurface Acoustic Wave（表面弾性波）のことで，図3.8に示すような圧電材料の基板上にアルミニウムを蒸着して櫛状に形成したSAW発信器の電極の間隔と，材料の定数に依存した周波数の表面波が発生することを利用している．加速度が加わると基板にひずみが生じ，表面弾性波の伝播速度が変化し，発振周波数が変わるため，この周波数変化によって加速度を検出するものである．実際には誤差要因を相殺して加速度に比例した周波数変化のみを取出すため，2対のSAW発信器をもった構造のものなどが実用化されている．
　SAW型加速度計では加速度を直接周波数の変化として検出するためS／N比が良く，デジタル出力とすることが容易であるためコンピュータなどとの接続が容易である．

3.3.6　振動型加速度計

　振動型加速度計は，時計や発振器に用いられる水晶振動子の固有振動数が物理量の変化で変わることを利用したものである．

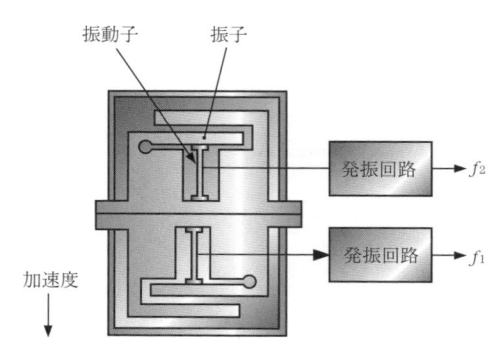

図3.9　振動型加速度計の原理

図**3.9**のように水晶振動子と振子が1対となっており，加速度が加わったときの周波数の変化を出力としている．

部品点数が少なく構造が単純で，温度特性や安定性に優れており，周波数出力であるため，コンピュータなどとの接続が容易である．

3.3.7　半導体型加速度計

半導体型加速度計は，集積回路用のシリコン基板上にマイクロマシニングで加速度計のセンシングエレメントとなる振子を形成し，同時にセンシングエレクトロニクスとなる信号処理部を形成する加速度計である．

図**3.10**のように，シリコン基板を微細加工して振子とピエゾ抵抗素子や回路パターンを同時に形成する．加速度が振子に加わるとピエゾ抵抗素子がゆがむため，その変化を出力として取出すものであり，ひずみゲージ式加速度計と原理的には同じである．しかし，周辺回路が雑音や信号漏れの影響の少ない至近距離に形成できるため，インテリジェント化が容易である．またIC技術を利用するため小型で，大量・安価な生産可能で，今後，主流を占めると考えられる．

最近ではMEMS（Micro Electro Mechanical System）技術による半導体加速度計の開発が盛んで実用化が進んでおり，従来型に匹敵する数$10\mu G$の性能を有した半導体加速度計も製品化されている．

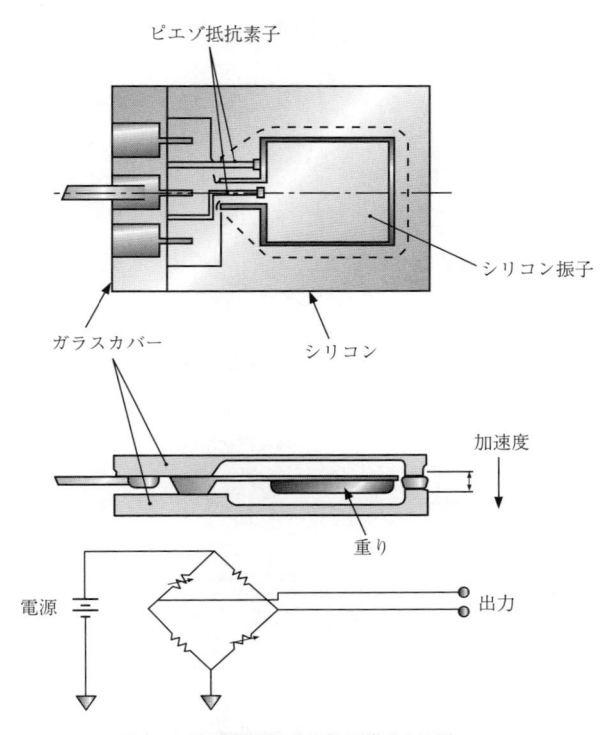

図3.10 半導体型加速度計の構造と回路

3.3.8 液体ロータ型角加速度計

　液体ロータ型角加速度計は，**図3.11**のように環状のリング内に内蔵された慣性流体がリング内で自由な状態にあり，その中のパドルは環に直交する角加速度に比例した流体の動きをトルクに変換するものである．パドルの動きは変位検出器からトルカに電流帰還されパドルを元に戻し，このときトルカに流れる電流が入力角加速度に比例するため，この電流を読み取り角加速度として出力するものである．

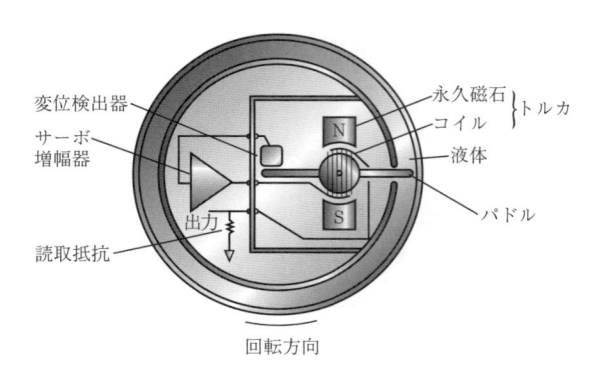

図3.11　液体ロータ型角加速度計の構造

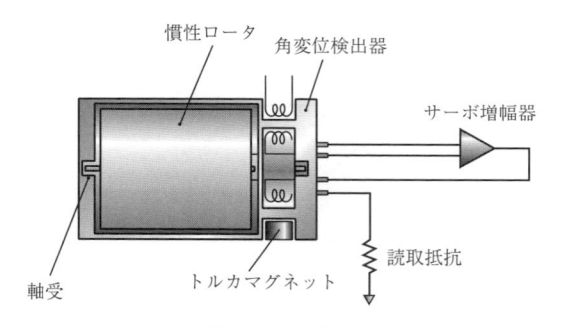

図3.12　円柱ロータ型角加速度計の構造

3.3.9　円柱ロータ型角加速度計

円柱ロータ型角加速度計は，**図3.12**のように円柱状の慣性体がダンピングオイルを封入したケース内に支持された構造で，角速度が入力されると慣性体はケースに対して角変位を生じる．液体ロータ型角加速度計と同様にこの量を電流帰還し，角加速度として出力するものである．

参考文献
(1) 佐久間一洗，矢部久：速度・加速度センサの現状と動向，No. AZ04-16, 計測技術87

第4章

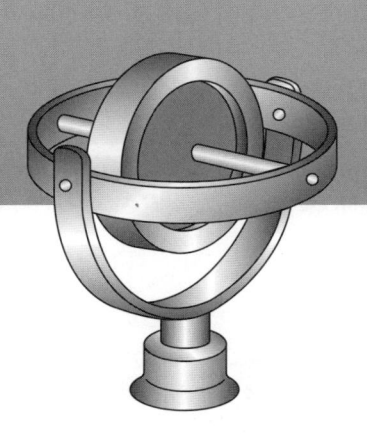

性 能

4.1 性能の表し方

ジャイロの性能の表し方はジャイロ方式による特有な項目と，検出結果に現れる誤差に関する項目，耐環境性に関する項目に分けられる．

ジャイロ方式特有な項目としては，原理的に性能を左右するもので，コマを内蔵した機械式ジャイロではコマの角運動量，サニャック効果を利用した光式ジャイロでは光路長などである．検出結果として現れる誤差は，ジャイロの性能により省かれる項目，さらに詳細に表現される項目がある．またその仕様値として統計的な処理を行ない，標準偏差を用いて1σ，3σで規定する場合が多い．つまり，必ずその仕様値を満足するのではなく，ある確率をもって仕様値を満足することを意味している．耐環境性に関する項目は，性能を満足する環境温度，振動，衝撃，加速度の大きさを示したものである．

表4.1にその代表例を示す．

ジャイロのカタログの数値は，同じ製造会社のカタログで同じ性能項目であっても，用途や性能から見て決められていることが多く，一概に同レベルで比較はできない．その例としては非G感ドリフトが挙げられ，規定している期間が時間，日，月，年の範囲での再現性で規定されており，比較には十分注意を要する．

4.1.1 用語説明

- **ロータ回転数**：ジャイロモータの回転数で，角速度検出のジャイロでは回転数のフラツキが出力に影響するので，ヒステリシスモータで回転数を安定させている．角度検出をする2自由度姿勢ジャイロでは，ある程度の回転数が保てれば良い．
- **ロータ角運動量**：ロータと回転数で決まる数値で，保持力，プリセッショントルクを決める数値．

表4.1 性能表

項　目		単　位	機械式ジャイロ		光学式ジャイロ	性能の優劣	
			角度検出	角速度検出	角速度検出	優	劣
モータ	ロータ回転数	rpm	○	○		高	低
	ロータ角運動量	g·cm·s	○	○		大	小
	ピックオフ	V/°	○	○		−	−
	トルカ	°/h/mA	○	○		−	−
	光路長	m、cm			○	長	短
	検出範囲	°/s	○	○	○	広	狭
	スケールファクタ	°またはmv/°/s	○	○	○	−	−
ドリフト	非G感ドリフト	°/s, °/h	○	○	○	小	大
	G感ドリフト	°/h/g	○	○			
	G二乗感ドリフト	°/h/g²	○	○			
	ランダムドリフト	°/h		○	○		
	直線性	%FS	○	○	○	小	大
	分解能	°/s, °/h	○	○	○	小	大
	スレッショルド	°/s, °/h	○	○	○	小	大
	ヒステリシス	°/s, °/h	○	○		小	大
	クロスカップリング	°/s/°/s	○	○	○	小	大
	ノイズ	°/s, °/h/√Hz	○	○	○	小	大
	周波数特性	Hz	○	○	○	大	小
	寿命	h	○	○	○	大	小
	電源	V	○	○	○	−	−
	消費電力	W	○	○	○	小	大
	起動時間	s	○	○	○	小	大
耐環境条件	作動温度		○	○	○	−	−
	保存温度		○	○	○		
	振動		○	○	○		
	衝撃		○	○	○		
	加速度		○	○	○		

○印は一般的にカタログに記載されている．
優劣欄は，同じ方式のジャイロの数値を比較したときの一般的な見解である．

- **光路長**：光学式ジャイロの光ビームが単一経路で伝わるときの幾何学長．
- **検出範囲**または**最大入力範囲**：検出できる入力限界の領域で，下限から上限範囲の値で表される．

- **スケールファクタ（出力電圧傾度）**：測定しようとする入力の変化に対する出力の変化の比．入出力データより最小二乗法で求められた直線の傾きである．
- **ドリフト**：入力回転と無関係なジャイロ出力．一般的には，静止状態での出力で地球の自転分を差し引いた誤差で，角度検出するジャイロにおいては単位時間当たりの角度変化であり，角速度を検出するジャイロでは零点誤差となる．ジャイロの精度により度／秒，度／分，度／時間などで表現される．発生する原因により，加速度比例したG感ドリフト（度／時間／g），加速度の二乗に比例したG二乗感ドリフト（度／時間／g^2），加速度に影響されない非G感ドリフト（度／時間），ランダムに時間的に変化するランダムドリフト（度／時間）などである．ジャイロの性能は，この値でおおよそ推測される．
- **直線性**：入出力データの最小二乗法により求めた直線と出力の差．一般的なフルスケールに対しての比率，または入力に対しての比率で表される．
- **分解能**：ノイズレベルより大きな入力最小変化の最大値で，公称のスケールファクタを用いて換算した出力変化が，ある比率（少なくとも50％）に等しい変化を生じる値（検出範囲内）．
- **スレッショルド**：公称のスケールファクタを用いて換算した出力の50％に等しい出力となる最小入力値（入力0°／秒付近）．
- **ヒステリシス**：上方からと下方からの検出範囲における，ある入力の測定値の最大誤差．
- **クロスカップリング**：入力基準軸に垂直な軸まわりの入力に対するジャイロ感度により発生する出力誤差．
- **ノイズ**：出力のノイズで実効値（度／秒rms）やピーク・ピーク（度／秒p-p），または測定周波数を考慮し表現（度／時間／$\sqrt{Hz}$ rms）される．
- **周波数特性**：検出の出力特性を示すもので，周波数をもった入力に対し検

4.1　性能の表し方

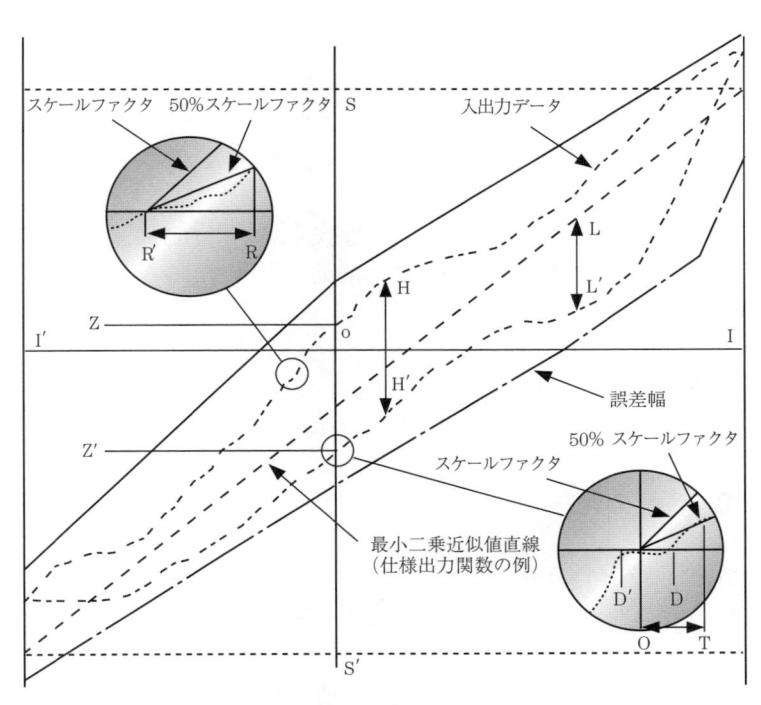

コンポジットエラー	$= \dfrac{100(L-L')}{S-O}$ or $\dfrac{100(L-L')}{O-S'}$
無応答幅	$= D-D'$
ダイナミックレンジ	$= \dfrac{I-I'}{R-R'}$
ヒステリシス誤差	$= (H-H') \times \dfrac{I-I'}{S-S'}$
入力限界	$= I, I'$
入力範囲	$= I'$ to I
最大入力範囲	$= I-I'$
出力範囲	$= S'$ to S
出力幅	$= S-S'$
分解能	$= R-R'$
スケールファクタ	$= \dfrac{S-S'}{I-I'}$
スレッショルド	$= T-O$
ゼロオフセット	$= \dfrac{Z+Z'}{2} \times \dfrac{I-I'}{S-S'}$

図4.1　入出力特性

出する感度を表す．角度を検出する機械式ジャイロは無限大と考え，角速度検出ジャイロの多くは通常2次系を示し，位相角が90°遅れる周波数で示す．ダンピング液（オイル）が封入されているジャイロにおいては，粘性ダンピングを与えている．光学式ジャイロにおいては，発光から受光部までは理論的に非常に高く，出力回路部のフィルタの特性によって決まる．

- **起動時間**：電源を供給しジャイロの機能が出るまでの時間，または性能すべてを満足するまでの時間．ウォーミングアップ時間は，すべての性能を満足するまでの時間．

IEEEの規格（IEEE　Standard for Inertial Sensor Terminology　std.528）では，入出力特性については**図4.1**で規定されている．

4.1.2　性能の見方

同じ方式のジャイロの優劣比較を，前出の表4.1に示してある．

同表からわかるように一般的に，角度検出の機械式ジャイロにおいては，ロータ角運動量の大きなジャイロが精度は良く，角速度検出ジャイロにおいては，ドリフトの小さいジャイロ（度／時間で表現され数値の小さい）が精度は良い．

4.2 誤差要因

ジャイロの誤差要因は，ジャイロの種類にもよるがマスアンバランス，軸のミスアライメント，角加速度，温度変化，構造的な不等弾性などである．

4.2.1 2自由度姿勢ジャイロ（機械式角度検出ジャイロ）の場合

このジャイロの重要な誤差であるドリフトの原因として，加速度に比例した誤差で，マスアンバランス，加速度の二乗に比例した不等弾性，およびスリップリング，ベアリング，検出器の摩擦トルクなどがあり，そのおのおののトルクがプレセッショントルクとなり，ジンバルが回転しドリフトを発生する．

スピン軸を水平面，垂直面に常に保つようトルカ，水平検出機構を内蔵しているジャイロでは，水平面を検出するための水準器は地球の重力を検出しているため，一定の加速度を受けると傾斜と認識しジンバルを動かしてしまい誤差を発生する．その対応策として長時間加速度が加わる場合（特に旋回時）は，トルカへの電源を切って，ジャイロ本来の高速回転体の保持力により検出する方法がとられている．

外乱がある場合，水平，垂直の基準が変化することを考慮しないと仕様値を満足しない結果となる．

4.2.2 機械式角速度検出ジャイロの場合

角速度検出ジャイロに印加される各種入力に対するジャイロ出力との関係を，数学的に関連つけられる一連の式として表現される．第9章の資料1～資料6に，代表的なジャイロのモデルの式を示す．これらの式はIEEEの規格を参考としている．

(1) レートジャイロ（RG）

ドリフトの要因として，マスアンバランス（加速度に比例），不等弾性（加速度の二乗に比例），ジンバルの摩擦トルク，フレックスリードのバネ性および軸アライメント（クロスカップリング）などがあり，そのトルクがプリセッショントルクとなり，ドリフトを発生する．

ヒステリシスや分解能の誤差要因は，ジンバルを支持しているスプリング材のヒステリシスおよび軸摩擦である．

モデル方程式を，第9章資料1に示す．

(2) レート積分ジャイロ（RIG）

ドリフトの要因は，レートジャイロと同じである．レートジャイロと比較しプリセッショントルクと釣り合うスプリングがなく，電気式のトルカにより釣り合うためヒステリシス（電気的な不感帯）は非常に小さく，分解能は高い．

スケールファクタは，トルカの電流により角速度を検出するため，環境温度が変化したとき，トルカの温度特性（マグネットの温度特性）により変動する．

モデル方程式を第9章資料2に示す．

(3) ダイナミカリ チューンド ジャイロ（DTG）

RIG項と基本的には同じであるが，1つのロータで2軸分の角速度を検出するため，フレクチャの部品精度やトルカとピックオフの軸アライメント誤差により引き起こされる誤差がある．

モデル方程式を第9章資料3に示す．

4.2.3　コリオリの力を利用したジャイロの場合

(1) ガスレートセンサ

ドリフトは，検出部が高感度の温度センサであるため，外部からの局部的な熱や検出部の2本のワイヤのアンバランスにより発生する．

(2) 振動ジャイロ

外部からの振動によりノイズが増加したり，検出部の弾性材料の不均一性やヒステリシスで，ドリフト，ヒステリシス，分解能が悪化する．

4.2.4　サニャック効果を利用した光学式ジャイロの場合

光学式ジャイロは，原理上から加速度および加速度二乗による影響を受けない．

(1) 光ファイバジャイロ

ドリフトの要因として，ファイバコイルのセンシング部の温度変化による影響が大きい．また光源であるSLDは環境温度により波長が変化し，スケールファクタはこの波長に比例するため，SLDをペルチェ素子により一定温度に制御している高精度品がある．

モデル方程式を第9章資料4に示す．

(2) リングレーザジャイロ

誤差値は他のジャイロと比較し最も小さいが，ファイバジャイロと同様にドリフト原因として，環境温度の変化による影響が大きく，ディザーによるランダムウォーク誤差を生じる．また磁気によりドリフトを発生する．

モデル方程式を第9章資料5に示す．

4.2.5　サーボ加速度計の場合

バイアスは，マスを支持しているヒンジ部の機械的摩擦，ヒステリシスおよび電気的不感帯などにより発生する．マスの動きと釣り合うスプリングはバネ定数が小さく，電気式のトルカにより釣り合うためヒステリシス（電気的な不感帯）は非常に小さく，分解能は高い．スケールファクタは，トルカの電流により加速度を検出するため，環境温度が変化したとき，トルカの温度特性（マグネットの温度特性）により変動する．

モデル方程式を第9章資料6に示す．

4.3 誤差補正

4.2項で示した誤差要因を補正する方法は，ジャイロ単独では困難で，あらかじめおのおのの要因の誤差分を計測し，そのデータを組み込まれた上位システムのROMに書き込み，角速度信号と温度信号取り込みMPUにより補正演算を行なう．慣性装置に組み込まれる場合は，加速度計の信号を用いて加速度に関する補正を上記と同時に行ない，また3軸のジャイロの信号でクロスカップリングを補正する（図4.2）．

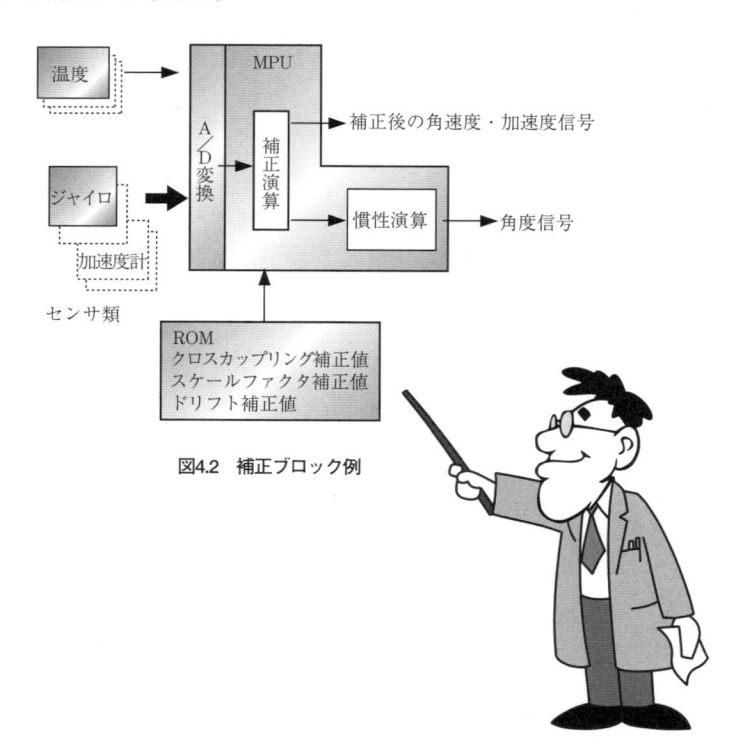

図4.2　補正ブロック例

4.4 性能評価

4.4.1 2自由度姿勢ジャイロ（機械式角度検出ジャイロ）の場合

　角度を検出するジャイロであり，傾斜，回転を与え，その角度と出力を比較評価する．静的に傾斜，回転角を与える装置としてチルトテーブルを使用する．動的には3軸動揺台，スコースビテーブル，3軸フライトテーブルなどを使用する．

　姿勢精度は，ジャイロスピン軸が基準軸に一致した状態よりジャイロを傾斜させ傾斜角とジャイロ出力の差を誤差とする．0°より検出範囲までの適当な角度を与え，そのおのおのの出力を計測し，そのデータから最小二乗法により入力角速度／出力の近似直線を求める．最小二乗法で求めた直線の傾きがスケールファクタであり，その直線と計測値の差の最大値を検出範囲で除して百分率で表現したものが直線性の誤差である．

　分解能，スレッショルド，ヒステリシス，クロスカップリングもこのテーブルを使用し試験する．

　ドリフトについては，静止状態で長時間放置し，地球の自転分を補正した変化量とし，動揺時のドリフトも長時間動揺後に地球の自転分を補正し求める．

　ジャイロコンパスは真北よりの方位角度を検出するため，真北が0°とする水平テーブル上で試験を行なう．テーブルを真北に一致させる作業は，北極星を基準に行なわれる．

　高速回転体の保持力を用いたフリージャイロは，基準が慣性空間であるため，評価する場合は必ず地球の自転を考慮しなければならない．

4.4.2 角速度検出ジャイロの場合

　角速度を検出するジャイロであり，レートテーブルによって入力角速度を与

えその角速度と出力を評価する．レートテーブルはジャイロの性能により精度が決まるが，0.0001°/秒（0.36°/時）～1,000°/秒の範囲で角速度を任意で設定できるものが，通常使用される．

　このテーブルで，0°/秒から検出範囲までの適当な角速度を与え出力を計測し，そのデータから最小二乗法により入力角速度／出力の近似直線を求める．最小二乗法で求めた直線の傾きがスケールファクタであり，その直線と計測値の差の最大値を検出範囲で除して百分率で表現したものが直線性の誤差である．

　分解能，スレッショルド，ヒステリシス，クロスカップリング，周波数特性もこのテーブルを使用し試験する．周波数特性はテーブルの動きを表すタコジェネレータの出力と，ジャイロの出力を周波数分析して求める．また，数十Hz以上の評価をする場合は，専用の正弦波状の角速度を発生する周波数特性試験機を用いることもある．

　機械式ジャイロのドリフトは，ジャイロの姿勢を3軸6方向に回転させ，おのおのの静止した状態の6つのデータより求める．姿勢により地球の重力がかかり，地球の自転角速度を検出する．この試験は，6ポジションテストと呼ばれている．出力軸を水平，北方向とし，出力軸まわりに90°毎回転し，スピン軸と入力軸を上下方向にする．さらに，出力軸を上下方向とし，入力軸を南北・スピン軸を東西方向とし出力を計測する．

　この試験により，ジャイロ3軸に対して加速度の関係しないドリフト成分（非G感ドリフト）とスピン軸，および入力軸方向のおのおののマスアンバランスに基づくトルクによるドリフト成分（G感ドリフト）に分離する．

　非G感ドリフトは，入力軸を東西に向けたときおよびスピン軸を東西に向けたときの出力の和を2で割った値である．

　G感ドリフトは，通常は地球の重力加速度の±1Gを利用し，入力軸を上下に向けたときの出力の差を2で割った値，およびスピン軸を上下に向けたときの出力の和より地球の自転分を引いた値である．直線加速度試験機で大きな加速度を与えて求めることもある．

　ジャイロは，地球の自転も角速度として検出しており，その影響を避けるためには入力軸を東西方向に向ける必要がある．

4.4 性能評価

温度槽付きレートテーブル，サーボチルトテーブル，動揺台の一例を**写真4.1**，**写真4.2**，**写真4.3**をそれぞれ示す．

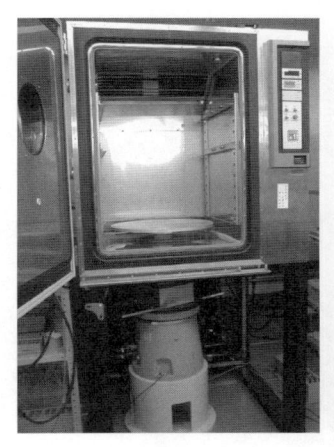

写真4.1　温度槽付レートテーブル

写真4.2　サーボチルトテーブル

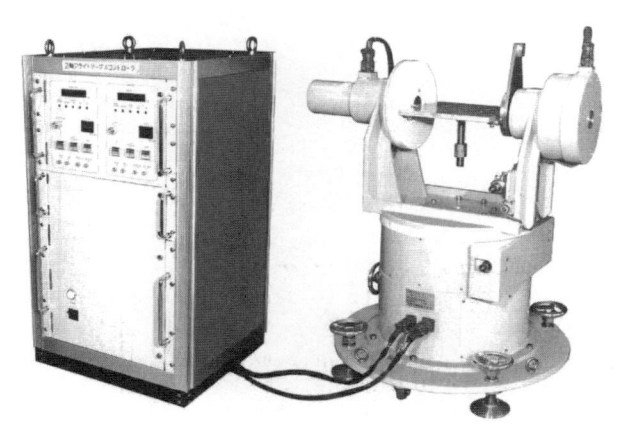

写真4.3　動揺台

第5章
慣性基準装置

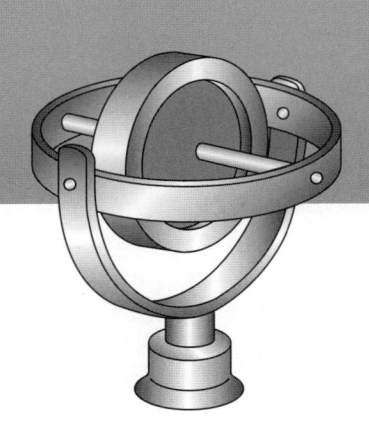

5.1 慣性基準装置

5.1.1 慣性基準装置の特徴

　ジャイロ，加速度計を用いて測定される物理量は，いわゆる慣性力といわれる角速度，加速度である．そしてそれらのデータを用いて移動体（特に移動体に限らずその運動を計測したい物体に対して）の姿勢・方位・速度・位置をその慣性空間に対して知ろうとしたとき，慣性基準装置が必要になる．もちろん，ここでいう姿勢とは，地表面に対してどの程度傾いているのかという角度であり，方位角とはたとえば真北（地球の自転軸の方向）に対してどちらの方向に向いているかという角度である．速度とは，たとえば移動体が地表面に対してどの方向に進んでいるかという速度であり，位置とは移動体が現在地球のどの位置（たとえば地図と比較して）にあり，どのくらいの高さ（恐らく海抜であろうが）にいるかといった値を示すものである．そのすべてが，地球を基準にした物理量である．

　これらのデータは，他の方法でも知ることができる．たとえば，今やポピュラーとなったGPS（Global Positioning System）によりその位置・速度，現在では複数のアンテナを用いることによって姿勢・方位角をも知ることができるし，また，磁気方位センサや天体観測によりそれらを知ることもできる．そのような計測装置の1つとしてジャイロ，加速度計を使った慣性基準装置があり，それはつぎのような特徴をもっている．

① GPSなどの衛星や天体といった外部の情報を必要とせず，移動体の状況によらず慣性データ（姿勢・方位角などを慣性データと呼ぶ）を計測することができる．
② GPSや天体観測のように比較的ゆっくりとした移動体の計測から，相当高速な運動に対しても慣性データを計測することができる．

しかし，このように優れた慣性装置でも後に説明する検出原理から，時間の経過に伴ってゆっくりと誤差が蓄積するという欠点がある．ミッション時間の少ない移動体に対してはきわめて優れた計測器であるが，長時間の運用には若干欠点がある．それらの欠点を補うハイブリッドの方法に関しては，後に説明する．

5.1.2 慣性データの求め方

では，どのようにして慣性データを得ることができるのであろうか．慣性というとまず頭に浮かぶのは，ニュートンの慣性の法則である．第一法則と第二法則が有名であるが，加速度を積分する（加速度データをどんどん加算する）と速度になり，速度を積分すると位置になるというのがニュートンの第二運動法則である．そこで思いつくのが，加速度計である．つまり，移動体が移動するときの加速度を積分すれば，その位置が計測できることになる．しかし実際に計測を行なうと，残念ながらそれほど簡単ではなくニュートンの第一運動法則に阻まれる．すなわち，重力加速度の存在である．

たとえば，今，図5.1のように加速度計を使って前進する加速度を計測しようと考える．この場合とりあえず前後の加速度を計測することにして（実際には横方向，上下方向の加速度も検出しなければいけないのであるが），加速度の検出方向の前進を正とする．

ある移動体がこのまま前進加速することにより加速度計が加速度を検出するので，この加速度を積分することにより，速度，位置が計算できる．しかし，この加速度には重力加速度を入れていない．すなわち，水平面であることを仮定したので，このような計算式で表現できるのである．ところが実際には水平面上を移動するわけにもいかないので，これを実現するために2つの方法がある．

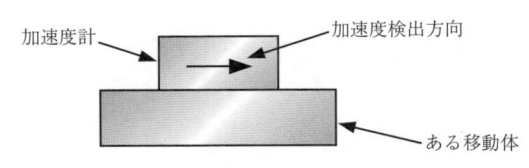

図5.1　加速度計による加速度の計測

1つは，水平テーブルを作ってその上で加速度を検出する方法である．この方法は，プラットホーム方式と呼ばれ慣性基準装置の歴史の中では若干古い分野に属するものである．現在ではそれに代わってストラップダウン方式と呼ばれるものが主流になっており，ここではこの方式について述べる．これが2つ目の方式である．先の水平テーブルを作る代わりに，その水平からの角度を知ることにより，重力加速度の成分を計算式で除去することにより進んだ加速度のみを計算できることになる．たとえば，図5.1で図5.2のように姿勢が傾いていたとすると，それによる重力加速度成分は下式により計算でき，結果的に移動加速度のみを計算することができる．

$$\alpha_{FWD} = A - \sin\theta \times g$$

ここで，α_{FWD}は前進のみの加速度で，Aは加速度計の出力，θは地表面に対する傾き角，gは，重力加速度である．ここでは，1軸に関してのみ表現したが，これをストラップダウンという方式で3軸に展開することにより，3軸での移動による加速度を検出することができる．

さてこの場合，上記式のθを求める必要がある．このθは図5.3に示すように紙面に垂直軸まわりの角速度を積分することにより求めることができる．

この角速度を検出することができるのが，角速度計，いわゆるジャイロである．このジャイロの信号をωとすると，それを積分することにより，姿勢角θが計算できる．計算式は下記になる．

$$\theta = \int \omega dt + \theta_0$$

この式でθ_0は初期姿勢角で，この信号はジャイロで検出することが不可能であるので，静止した状態で加速度計の信号を使って算出することになる．

さて，姿勢角が算出できたが残念ながら地球上には自転，公転という角速度

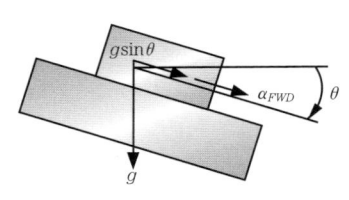

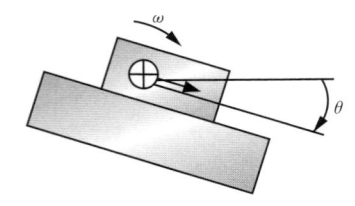

図5.2　図5.1の傾いた場合　　　　　　　　図5.3　θを求める

が存在する．自転は1時間に15.0°であるし，公転は1時間に約0.04°であるから，合計で15.04°/時ということになる．しかし，この角速度は図5.4のように地球に対しての角速度であるから，実際にジャイロが検出する角速度とは異なり，北方向と東方向と鉛直方向ではつぎのように記述できる．

$\omega_n = \Omega \times \cos\lambda$

$\omega_e = 0$

$\omega_d = -\Omega \times \sin\lambda$

この式でω_n，ω_e，ω_dは，それぞれ北方向角速度，東方向角速度，下方向角速度であり，Ωは地球角速度，λは緯度である．それを平面的に描くと図5.5になり，ここでH_{ead}という方位角が検出できれば，それぞれ各軸が検出する地球角速度成分を下式により算出できることになる．各軸のジャイロが地球角速度の影響を受けるということは，逆に地球角速度を検出できることになるので，そのそれぞれが検出する地球角速度を使って方位角を計算できることになる．リングレーザジャイロは，その角速度を検出できるジャイロであるので，このようなことができるのである．

〈各軸が検出する角速度〉

$\omega_x = \Omega \times \cos\lambda \times \cos(H_{ead})$

$\omega_y = -\Omega \times \cos\lambda \times \sin(H_{ead})$

$\omega_z = -\Omega \times \sin\lambda$

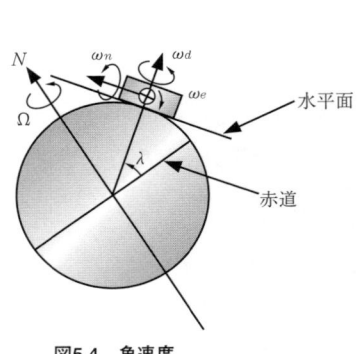

図5.4　角速度

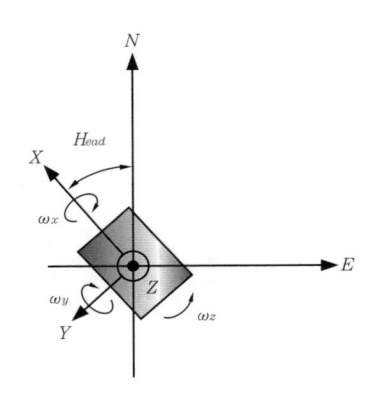

図5.5　図5.4の平面図

〈これらの信号を使ったときの方位角算出〉

$$Head = -\arctan\left(\frac{\omega_y}{\omega_x}\right)$$

これで，各軸の地球角速度の量がわかったので，これを使って姿勢角を求め，加速度を求め，速度，位置を求めていくことにより，ジャイロと加速度計で速度，位置を求めていくことができる．

しかし，$Head$を算出する際の上記計算式はジャイロの検出信号を直接使っているので，実際には振動や多少の動きで実用上は大きな誤差になってしまう．実際，この計算では15.04°/時という信号を基準としているので，たとえばゆっくり回転したような信号0.1°/秒でも360°/時に相当し，これでは算出することができない．そこで，その角度を計算するため，アライメントと呼ばれるアルゴリズムにより算出するわけである．

ところが，この方法は慣性基準装置が停止している（動揺は問題ない）のを条件に（つまり，速度はゼロという条件），ある方位を向いているときに方位が違うことによって起こる姿勢の回転によって加速度に誤差が出て，さらには速度が誤差になることを利用して，その速度がゼロになるところを探すことによって，$Head$角を算出しようとしている．したがって，このアルゴリズムには通常5分程度を要する．それは，自転の成分による速度の誤差を計算しているからである．

このアライメントと呼ばれる操作で真方位が検出できた．真方位を算出する際は，速度ゼロを基準にしていたので移動することができなかったが，慣性基準装置は移動体の姿勢・方位・速度・位置を検出するわけであるからこのままでは困る．そこで，アライメントが完了し，真方位・姿勢が計算できた後，今度は計測モードに移行する．

この計測モードは速度ゼロを基準とせずに，ジャイロの積分から姿勢角・方位角（はじめを0°として，そのz軸まわりの角速度積分を行なう）を求め（クォータニオン法という4次元数を用いた基線ベクトルの求め方を使う），その姿勢角を用いて速度算出し位置を算出していく．

しかし，ここでさらに問題がある．それは地球が楕円体であり，速度によって移動した位置を緯度，経度，高度で表現する必要があるからである．一般的に地球の座標はいろいろなモデルが提案されているが，慣性基準装置で代表的

に使用されるのがWGS-84というモデル．これは，World Geodetic System 84というもので，1984年に米国で発表されたモデルである．このモデルを使って現在位置の局率半径を求め，その半径での移動角度を求め積分するといった方法で位置を計測している．さらに地球は回転しているので，その回転を加味した位置の計算も必要である．これは，いわゆるコリオリ力による補正を加えることにより可能になる．

このように，慣性基準装置は3軸のジャイロと加速度計と計算機を使って地球上を正しく移動できるように工夫された計算方式で，その時々の姿勢角・方位角・速度・位置を検出することができる．したがって，それぞれのセンサはその運用に見合うだけの精度をもっていなければならない．

これらの計算方法の理論やジャイロ，加速度計の誤差によるシステム誤差に関しての詳細は，章末の参考文献を参考にしていただきたい．ストラップダウンや，それぞれの状態推定フィルタに関しての詳細な記述がある．

5.1.2　慣性基準装置選定の要点

慣性基準装置とは，上記のように宇宙空間に置かれたジャイロ，加速度計を用いて，地球の重力や自転角速度をモデル化することによりその影響を除去し，地球の重力方向を基準にした姿勢・方位・速度・位置を計測する装置である．しかし実用上は，速度，位置を必要としない運用や方位角をも必要としない運用も考えられる．

それにより，構成される慣性センサの精度を落とすことも可能になり，装置の費用も下がるわけであるが，実際には上記のような物理的運動は厳然と存在するわけである．そのため，それぞれを誤差として処理することにより，若干誤差が多いが安価な装置であるとか，移動体の運動条件を規定する（たとえば，船舶のような運動のみであるとか）ことにより，適当なダンピング作用を付加して運用を可能にするなどの工夫により，各種の慣性基準装置が可能になる．したがって，慣性基準装置を用いる際は，十分にその用途などをメーカーと相談してシステムの選択を行なうことをお勧めする．

5.2 姿勢・方位基準装置

5.2.1 姿勢・方位基準装置の原理

　姿勢・方位基準装置とは，基本的に慣性基準装置と同じ意味で使われる．慣性基準装置は，たとえば比較的精度の悪い慣性センサを用いて簡便に姿勢・方位を検出するものを含めて，重力方向に対して姿勢・方位（姿勢だけの場合もある）を出力する装置の総称である．ところが，姿勢・方位基準装置とは，その名の通り姿勢・方位角を出力する．しかし，この姿勢・方位基準装置もその使用するセンサの精度によって，若干その方式が異なる．基本は慣性基準装置で説明した考え方で算出するわけであるが，その構成するセンサによっては装置の価格が相当高価になるために，いろいろな工夫をすることになる．

　たとえば，ジャイロの精度が10°/時というジャイロを使うことが価格的にも妥当で，しかも速度や位置は特に必要としない場合の方式のものについて説明する．慣性基準装置に従って，このジャイロを用いたとすると方位角の出力誤差は，たとえば北を向いていた場合で，ω_y に10°/時の零点誤差があった場合を仮定して方位角を計算してみると，

$$\omega_x = 15.04 \times \cos 35° \times \cos 0°$$
$$\omega_y = 15.04 \times \sin 35° \times \sin 0° + 10$$

となる．実際に計測される方位角は，

$$H_{ead} = -\arctan\left(\frac{10}{12.32}\right) = 39°$$

となり，まったく方位角の意味をなさない．それと同時に，姿勢角も1時間使用すると10°の誤差になるわけであるから，これでは姿勢・方位基準装置としては問題である．そこで，いろいろな方式で何とか使えるようにする工夫をするわけである．もちろん，使用時間がきわめて短い場合（たとえば，ミサイル

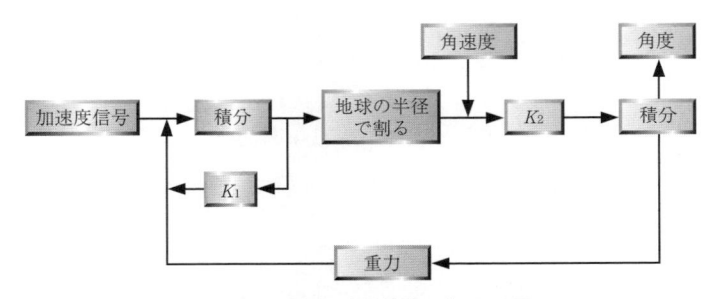

図5.6　姿勢・方位基準のブロック図

のような数秒といった使い方）においては，誤差角度が0.014°になり十分な精度といえる．

　その工夫とは，加速度計の信号をうまくミックスさせた形で使う．加速度計でも姿勢角は検出できるが，移動していると直線加速度と重力加速度が区別できないので，速い動きのときはジャイロ信号の積分で求め，ゆっくりした動きのときは加速度計の信号を使って求めるというように，移動体の動きに応じて使うセンサを変えるという方法をとる．これをブロック図で説明すると，**図5.6**のようになる．

5.2.2　姿勢・方位基準装置の信号の求め方

　図5.6のブロック図において，まずK_1が0でK_2が1のときについて説明する．加速度信号は，前述の姿勢による加速度を除去した加速度の出力である．それを積分し速度に変え地球の半径（局率半径）で割ることで，地球の水平面での角度になり，それにジャイロ信号を加算し角度としている．もし，ジャイロに誤差がなければこの角度と加速度計が出す加速度は同じであるから，積分される加速度は0で進んでいかないことになる．ところが，もしジャイロに誤差があれば，その積分値の角度が加速度計と同じにはならないので積分される速度が大きくなり，地球の半径を振子の長さとして振動する．これが，いわゆるシューラ周期である．

　そこで，上記のK_1，K_2に適当な数値を代入すると，まずK_2で地球の半径よ

り小さな半径で姿勢を動かすから,もっと小さな長さの振子で振動することになり,ジャイロが多少の誤差を発生させても,誤差がある時間で振動することになる.

ところが,ジャイロの誤差で振動するのは困るので,その振動を止めるのにK_1というダンピングが必要になる.これにより,多少のジャイロの誤差があってもいずれは加速度計の信号に安定するループが完成する.これを,レベリンググループと呼んでいる.

しかし,このように地球の半径を小さくすることを行なっているので,もしその半径と同じ半径で振動するようなことがあれば発振するかも知れないし,移動体の動きによっては正確な姿勢角・方位角が算出できない場合もある.したがって,姿勢・方位基準装置を選択する際は,その計測の目的と移動体の特徴を考慮し,メーカー側とよく相談されることをお勧めする.

コラム

姿勢・方位基準装置
(AHRS) TA7400シリーズ

リングレーザジャイロを用いた代表的なストラップダウン方式の姿勢・方位基準装置である.リングレーザジャイロは検出範囲の広さ,出力の線形性,スケールファクタの安定性という点で既存のジャイロの中では最も優れたジャイロといわれている.このような特性が,ストラップダウン方式用ジャイロに最も適したジャイロといわれる理由である.

リングレーザジャイロは,1軸の角速度を検出するジャイロであるとされていた.この装置に使われているリングレーザは,1つのガラスブロックの中に3個のリングレーザジャイロを新たな原理を使って小さく収めているという点で,特長があるジャイロになっている.

5.3 慣性航法装置

　慣性航法装置とは，一般的に航空機に搭載され航空機の姿勢・方位・速度・位置を正確に算出する装置である．昔，大韓航空が領空侵犯をしたという事件が報道されたが，その原因が静止してアライメントを行なわなかったために正しいアライメントが行なわれず，慣性航法装置に出力誤差が発生し，正しい航路が得られなかったためではないかということであった．このときの航路を知るために使われていた装置が慣性航法装置であり，航空機の現在情報を検出し出力するものである．

　前述のように，アライメントは静止状態を前提として行なわれるので，移動してしまったために誤差が発生したわけである．

　通常，慣性航法装置には，高精度のリングレーザジャイロとサーボ加速度計が使われる．これらは，$100\mu G$，$0.01°$/時という精度をもっているために，方位角で$0.05°$，姿勢角で$0.01°$という高精度な姿勢・方位出力が可能であるが，これらのセンサを用いても位置を計測すると1.0nm/時（1時間に1nm=1,852mの位置誤差を発生するという意味）の位置誤差が発生する．

　これは，位置検出がそうとうにむずかしいということを表している．しかし，太平洋航路をノンストップで飛行する場合は13時間ほどかかるが，そのとき13nm（約24km）の誤差が発生しても最後は管制塔の電波で誘導されることになり，何とか目的地に着陸できるわけである．

　この慣性航法装置は，航空機の姿勢・方位・位置を正確に出力するので，たとえば目的地の座標がわかっていればその位置までの誘導も可能になる．どちらの方位にどのくらいの速度で飛行すると，何時間で目的地に到達することができるかは，地球座標からベクトル計算することで可能である．安定飛行になって自動操縦に切り替えてパイロットがゆっくりできるのも，この慣性航法装置のおかげなのである．

5.4 ハイブリッド慣性航法装置

5.4.1 ハイブリッド慣性航法装置の特徴

　ハイブリッド慣性航法装置とは，複合航法装置とも呼ばれ，この慣性航法装置を中心に他の航法支援装置を組合せ，それぞれの欠点を補い合うことで最適な航法データ（姿勢・方位・速度・位置）を得ようとするシステムである．慣性航法装置の場合は位置のドリフト（時間的変化）が最大の問題点であるが，反対に他の支援装置（ドップラーレーダー，オメガ，ロラン，大気速度計，高度計）は，航法装置としては情報が少ないなどの問題がある．慣性航法装置のドリフトよりも精度の高い速度信号を用いて，慣性航法装置の速度誤差を算出し，その速度誤差を用いて慣性航法装置の各誤差を推定し，ジャイロ・加速度計に誤差がなくなれば位置精度も向上するので，慣性航法装置として最適になるわけである．

　また，最近ではGPSが登場しその速度・位置信号が使用可能になり，複合航法も盛んに研究され，現在ではGPS/INSという形で運用されている．GPSはその速度・位置を正確に出力できるが，微弱な電波を検出するため必ず検出ができるとは限らない．

　このような場合は，慣性基準装置がバックアップし瞬断中の正確なデータを出力する．時間が短いほど慣性航法装置の精度が良いことは，前項で説明した．近年ではGPS，特に搬送波を使った高精度の位置検出の手法と，GPSアンテナを数個使うことで，移動体の姿勢・方位をも検出しようとする装置が開発されている．

　しかし，航空機のような安全性を第一に考えるような装置においては，GPS電波の瞬断のある場合は使えないことになる．また，GPSの場合まだそのデータ更新レートが低いのも問題である．

5.4.2 ハイブリッド慣性航法の方式

ハイブリッド慣性航法について説明する．このハイブリッド慣性航法には，大きく分けて出力補正方式と帰還補正方式がある．この方式の概念図を**図5.7**に示す．この方式で使用するカルマンフィルタは，いわゆる状態推定フィルタで，観測値から慣性航法装置のそれぞれの誤差を統計的に推定するアルゴリズムである．

出力補正方式では，外部センサのデータを使って，慣性航法装置が出力する航法データの誤差を推定し補間する方法で，慣性航法装置の出力自体は時間とともに誤差が増大していくため，航行時間が比較的短く，システムの構成を簡単にしたい場合などに用いられる．

一方，帰還補正方式では慣性航法装置の誤差にまで立ち戻って補正を行なうので，システムの構成は複雑になるが，増大する誤差を取り除くことができ，長時間の使用にも耐えうる精度を得ることができる．最近では，コンピュータの発達で，この帰還方式が多く採用されている．またこの帰還方式にさらに外

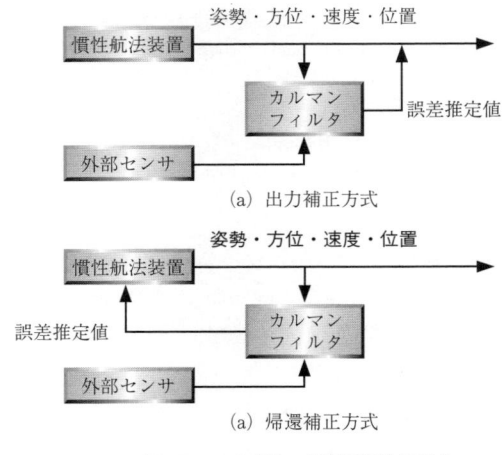

図5.7　ハイブリッド慣性航法の概念

部センサの誤差をも推定する方式が最近発表されている．

このハイブリッド慣性航法装置は，航空機だけでなく，船舶，車両などのあらゆる移動体に有用であり，慣性センサの精度，求められる精度，外部情報の精度，運用条件など，様々な状況でそれらに合わせた方式が今後とも考えられていくものと思われる．

参考文献
(1) 岡田　実，小田達太郎：航空機の自立航法装置、コロナ社（1972）．
(2) J.L.Farrell：Integrated Aircraft Navigation, Academic Press, San Diego（1976）．
(3) G.M.Siouris：Aerospace Avionics Systems, Academic Press, New York（1993）．
(4) J.Farrell and M.Barth：The Global Positioning System and Inertial Navigation, McGraw-Hill, New York（1999）．
(5) W.Zimmerman：Optimum Integration of Aircraft Navigation Systems, IEEE Transactions on Aerospace and Electoronic Systems, Vol.AES-5, No.5,（1969）．
(6) 穂坂三四郎，柴田　実：ハイブリッド航法システム[Ⅱ]，日本航空宇宙学会誌，Vol.22, No.246, pp.358-364（1974）．
(7) 西村敏充：カルマン・フィルタ理論の飛翔体システムへの応用，システムと制御，Vol.22, No. 1 , pp.10-19（1978）．
(8) N.EL-Sheimy and K.P.Schwarz：Navigating Urban Areas by VISAT-A-Mobile Mapping Systems Integrating GPS/INS/Digital Cameras for GIS Applications, Navigation, Journal of The Institute of Navigation, Vol.45, No. 4 , Winter 1998 -1999, pp.275-285．
(9) Y.Kubo, T.Kindo, A.Ito, S.Sugimoto：DGPS/INS/Whell Sensor Integration for High Accuracy Land-Vehicle Positioning, Proc. of ION GPS-99, pp.555-564, Nashville, TN, September（1999）．
(10) H.Kumagai, M.Kihara, Y.Kubo and S.Sugimoto：A High Accuracy Hybrid Navigation System for Unmanned Underwater Vchicle, Proc. of The ION 57th Annual Meeting, June, Albnquerque, New Mexico（2001）（will appear）．
(11) 張替正敏ほか：搬送波位相DGPS／INS複合航法による精密進入着陸航法システムの開発，航空宇宙技術研究所報告NAL TR-1399（2000）．
(12) H.Carvalho, P.D.Moral, A.Monin and G.Salut：Optimal Nonlinear Filtering in GPS/INS Integration, IEEE Trans. on Aerospace and Electronic Systems, Vol.33, No. 3 , pp.835-850（1997）．

第6章
ジャイロの応用

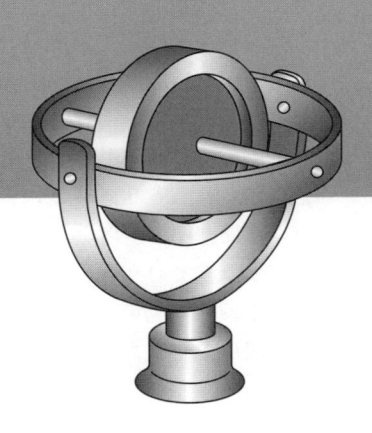

6.1 ジャイロの応用動向

　ジャイロは，これまでに述べたように空間基準のセンサである．ジャイロの用途は海および空を移動する船，ロケット，航空機そして地上を移動する各種車両へと広がってきた．同時に，移動体に搭載される各種機材の運動を安定する目的に使われてきた．

　なぜジャイロが必要なのだろうか．人は道路を車で走るときは平らな路面と方向指示があるので，見誤ることがなければ目的地に向かうことができる．しかし，空中を飛ぶ航空機には平らという道路のような基準もなければ方向指示もない．周囲の景色がなければ大きく傾いたことも認識できないし，飛んでいる方向も認識できない．したがって，航空機の基準となる姿勢と方向を保つ役割を果たすというものが，ジャイロである．

　航空機の例をとってジャイロの役割を説明したが，海中および洋上の航行にも同じことがいえる．この他にジャイロは空間基準の姿勢センサという特性を使って，車両，船舶，航空機などが動揺しても搭載される機器の方向を地上に固定されている場合と同じように，維持させるセンサの役割を担っている．たとえば，マラソンのテレビ中継に使われるヘリ搭載カメラは，ジャイロがこの役割で使われている．ジャイロが空間基準の角度センサであるという役割は同じであるが，最近は船舶ならびに航空機という概念の用途だけではなく，いろいろな産業分野に応用が広がってきている．角度に関わる内容であるから機能的に共通しているが，用途という観点からあえてつぎのように分類してみた．

① 移動体の姿勢制御
② 慣性航法装置
③ ジャイロ計器
④ 計測装置
⑤ 安定装置（スタビライザ）
⑥ 追尾装置

⑦　映像の空間基準センサ

　ジャイロの用途は従来から船舶，航空，宇宙および軍用の誘導兵器が主たるものであった．ジャイロは複雑な構造，精密加工部品，耐衝撃に弱い，寿命が短い，そして高価であるなどの理由があるが，軍用では欠かせないセンサであるために多く使われてきた．近年になって「こま」を使わないガスレートセンサや振動ジャイロが開発され，寿命およびコストの面で改良が進み，一般産業界に応用が広がってきた．

　そのため，民需業界から多くのメーカーがジャイロの応用開発に参入することになり，自動車および家電業界もジャイロの採用を始めた．その効果は，新たなジャイロ用途開発に向けての弾みがついている．安価で取り扱いが容易になってきたこともあり，研究者がジャイロを求めやすい環境になってきたことによって，ジャイロの用途開発に関わる研究者の数も年々増えてきていると聞いている．ジャイロ業界の期待も，年々大きくなっているようである．

6.1.1　用途の分類

　応用分類に従って，**表6.1**に用途を示す．

6.1.2　応用のポイント

　船舶，航空機，誘導兵，軍用車両，誘導武器に関わるメーカーでは，ジャイロは欠かせない部品である．したがって，この業界ではジャイロに対する要求ならびにその扱いについては，よく知っているようである．しかし，この分野以外のユーザーは，新たにジャイロの用途を開拓される方々である．本章ではこのような方を対象に，目的とする用途に"ジャイロが使えるのか"という立場からジャイロを応用するポイントを考えてみた．新たな装置の開発を計画される段階で，つぎの検討をされるとよい．
①　角速度，角度，速度，位置のいずれかでもセンサが必要な場合は，まずジャイロをと考えてみる．
②　ジャイロの基本特性を把握する．

表6.1 ジャイロの応用分類別用途

	分　類	用　途
1	姿勢制御	航空機（回転翼，固定翼），水上艦，潜水艦，潜水艇，宇宙ロケット，スペースシャトル，誘導弾，魚雷，浮上機雷，砲弾爆弾，無人機，無人ヘリ，ラジコンヘリ，無人車両，トンネル掘削機，農業機械，車のヨーダンパ
2	航法装置	航空機，潜水艦，潜水艇，水上艦，宇宙ロケット，スペースシャトル，軍用車両，誘導弾，魚雷，無人機，カーナビ，無人搬送車
3	ジャイロ計器	船舶，航空機（回転翼機，固定翼機）
4	計測器	船体運動計測器，車両運動計測器，電車路面計測器 地中管路の曲がり計測器，水中浮上航跡記録器，落下航跡記録器 慣性測量器，工作機械のベッド面凹凸計測器，レンチのトルク計測，ジェットコースタの運動計測器，高速船の運動計測
5	スタビライザ	客船の揺れ防止（フィンスタビライザ），ビデオカメラの手ぶれ防止，クレーンの揺れ防止，高層ビルの揺れ防止，船舶および航空機搭載アンテナのスタビライザ，ガンスタビライザ（戦車，艦船）
6	追尾装置	誘導弾のシーカ，船舶搭載アンテナ，車載アンテナ
7	映像の空間基準	ヘッドマウント姿勢センサ，マウスの姿勢センサ

③　ジャイロの要否を決める．
④　ジャイロの選定作業に入る．

ジャイロを使って角速度，角度，速度および位置を検出するときに，ジャイロを使うポイントついて以下に述べる．

(1) 角速度の検出

レートジャイロと呼ぶセンサで検出できる．第2章で述べた「こま」式，コリオリおよびサニャックの原理で得られるセンサである．レートジャイロを使う上でのポイントを，以下に示す．

① 最大検出範囲

0から200°／秒の範囲はメーカー標準から選定できる．1,000°／秒程度までは，メーカー特殊品として扱われる場合が多い．この範囲を超えるジャイロの応用実績は，非常に少ないと考えられる．10,000°／秒以上の，高い角速度を検出するジャイロの設計は可能である．ただし，最小検出感度（分解能）は検出範囲を広げると分解能に比例して悪くなる．すなわち，ジャイロが検出するダイナミックレンジは変わらないということである．

② ダイナミックレンジ

最大検出範囲と最小検出感度（分解能）との比を，ダイナミックレンジと称している．「こま」式のレート積分ジャイロの場合は，最小分解能が軸受の摩擦トルクで決まる．またレートジャイロは，バネ（トーションバー）のヒステリシストルクで決まる．また，ジャイロの最大トルクは，「こま」の角運動量と最大角速度の積となる．式で示すと，

$$\text{ダイナミックレンジ} = (\text{角運動量} \times \text{最大角速度})/\text{軸受摩擦トルク} \quad \cdots\cdots (6.1)$$

となる．レートジャイロの場合は，ヒシテリシストルクを軸受摩擦トルクに置き換えればよい．このダイナミックレンジを広げるには，「こま」式の場合は上式から角運動量を大きくすればよいことがわかる．具体的には，「こま」の慣性能率および回転数を大きくするということになる．同時にレート積分ジャイロのトルクが大きくとれるトルカが必要となる．代表的なジャイロのダイナミックレンジを**表6.2**に示した．数字の幅は同一種類のジャイロでも寸法，重量，駆動，信号処理などで差が出ることを示している．

③ ドリフト

本来ゼロであるべき角速度信号がゼロでない値をドリフトと呼んでいる．電子部品の演算増幅器に対してよく使われるバイアスという言葉が，置き換えられることもある．本質的には同じ意味である．オフセットという表現もあるが，これはジャイロを装置に組み込む段階で初期バイアスの意味で使われている．ドリフトは環境によって変わるものと，時間によって変わるものがある．

1) 環境によって変わるドリフト

直線加速度，振動加速度，温度，磁気，電磁ノイズ，電源変動などの影響を受けてドリフトが変わる．こま式ジャイロは直線加速度や振動の影響を原理的に

表6.2 代表的なジャイロのダイナミックレンジ

	ジャイロの種類	ダイナミックレンジ
1	ガスレートセンサ	$10^{-3} \sim 10^{-4}$
2	振動ジャイロ	$10^{-3} \sim 10^{-5}$
3	MEMSジャイロ	$10^{-3} \sim 10^{-5}$
4	レートジャイロ	$10^{-3} \sim 10^{-4}$
5	レート積分ジャイロ	$10^{-5} \sim 10^{-6}$
6	DTG	$10^{-5} \sim 10^{-6}$
7	FOG	$10^{-5} \sim 10^{-7}$
8	RLG	$10^{-6} \sim 10^{-9}$

受けやすい．また，光ジャイロは加速度の影響を受けにくいが，温度の影響を受けやすいという特性がある．磁気および電磁ノイズはシールド対策で軽減を図るが，直線加速度，振動加速度および温度に起因するドリフトは，加速度データおよび温度データを使って補正される．

2) 時間によって変わるドリフト

ランダムドリフト，ショートタームドリフト，Day to Dayドリフトという表現で扱われている．ランダムはノイズを扱う表現で一定時間内（1秒，10秒，1時間）におけるデータの標準偏差を取って決めている．また，ショートターム，Day to Day，ロングタームというドリフトはスタビリティという表現で扱われることもある．

3) リピータビリティというドリフト

同一環境下で試験されたドリフトの結果は，同一であることが理想である．この値の差を，リピータビリティと呼び標準偏差で示される．

環境ドリフトはコンピュータで補正されるのが一般的である．ジャイロ単体のカタログにはメーカーによって時間ドリフトだけを記されている例もあれば，環境ドリフトが記されている例もある．メーカーで独自に規定している場合が多いので確認することが望ましい．

④ 直線性およびスケールファクタ

出力特性はジャイロの種類によっても異なるが，多くの場合，角速度が大き

くなるにつれて，出力感度が小さくなる傾向にある．すなわち，直線からだんだんはずれてくる割合が大きくなる．これを直線性という定義で，フルスケールを基準にして定めている．ジャイロの種類によって，0.1から数％の仕様に分かれている．出力曲線は理論的に安定したものであるから，CPUで補正をして使われている例も多い．

スケールファクタは，出力感度を示すものである．温度特性を有するので，使用温度範囲が広い場合は温度補正が必要となる．

⑤ 取り扱い上の注意点

1) ジャイロのアナログ信号出力とデジタル信号出力の選択

低レベルのアナログ電圧信号処理およびA／D変換実績がなければ10°／時クラスのジャイロを扱うことはむずかしい．この場合はアナログ電圧感度を上げるか（検出範囲が狭くなるが），デジタル出力のジャイロを扱うことを推奨する．たとえば，フルスケール200°／秒で2.5Vの出力は，10°／時で35μV相当の電圧になる．

ユーザーがA／D変換器のバイアス問題で苦労して，対応に困ったという事例も聞く．

2) ジャイロ取付面の高周波数振動対策

高周波数振動の環境では，ジャイロ取付に注意する必要がある．振動が完全な直線振動であれば角速度を発生しないが，0.1°でも撓めば1,000Hzの振動下で600°／秒を超える角速度が発生する．ジャイロの検出範囲を200°／秒とすると，完全にオーバーレンジになっている．微少電圧が問題になるとすると，電子部品の特性から飽和電圧は正逆で異なる電圧になっていると考えねばならない．この信号は非対称の信号波形になるから，積分すれば一方へドリフトすることになる．

この問題は，電子回路によるフィルタでは解決できない．ジャイロが感じる角速度を，検出範囲内にすることが対策となる．対策方法は，メカニカルフィルタ（アイソレーションマウント）を用いてジャイロに加わる振動を減衰することである．また，ジャイロを取付ける筐体の取付面は完全な直線振動であっても，筐体が振動で角速度を発生するような取付構造になっていれば，同じ問題を発生する．アイソレーションマウントによるメカニカルフィルタの固有振

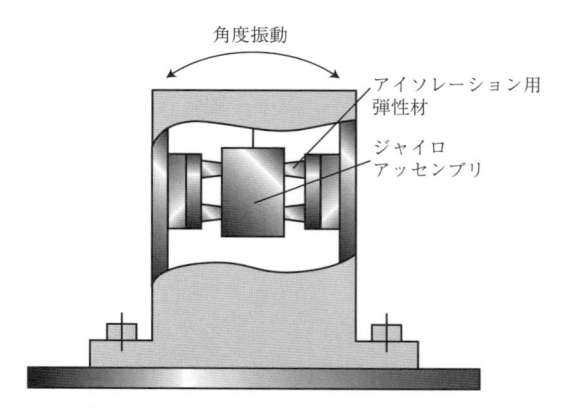

図6.1 ジャイロのアイソレーション対策

動数は，広い範囲の用途を想定すると100Hz程度が一般的である．

$$\omega = \theta \cdot 2\pi f \sin(2\pi f t) \quad\quad\quad (6.2)$$

　　ω：振動角速度　　θ：振動角度　　f：振動周波数　　t：時間

(2) 角度（姿勢・方位）の検出

ジャイロは，空間基準の角度センサである．空間の何を基準にするのであろうか．その答はわれわれが使いやすい基準を決めればよい，ということである．現在は，つぎの3通りの基準が多く使われている．

① 水平基準
② 北基準
③ 初期姿勢（方位も含む）基準

水平基準のセンサはあるが，北基準のセンサは現在ない．水平基準のセンサは，第3章で述べた傾斜計および加速度計がセンサとなる．北基準のセンサに近いものでは，磁気を検知して磁北を求めるセンサがあるが，北から少しはずれている．このはずれを偏差と呼び，この値は地球上の位置によって約10°程度変わる．地球が南北の軸まわりに回転していることは既知の事実で，北とは地球回転軸の北である．この北を真北と呼んでいる．

① 水平基準の求め方

　加速度計および傾斜計は，水平検出センサであると述べた．このセンサが水平からの角度を求められる条件は，静止しているときである．重力方向を基準にして水平面から加速度計を傾斜させると，加速度計が感じる加速度 α は次式で示される．

$$\text{加速度}\quad \alpha = g \cdot \sin\theta \tag{6.3}$$

　　g：は重力加速度

　この式から，傾斜角 θ が求められる．傾斜を計測する対象物に加速度が仮りに水平方向に加わると，加速度の方向が垂直からはずれることになる．垂直という基準を失い，角度誤差を生じることになる．したがって，加速度が加わるような運動をしている移動体の傾斜を，加速度計や傾斜計では正しい計測ができない．

1) シューラチューニング

　正しい計測をするためには，加速度が加わっても重力の方向を正しく検知できる原理が必要である．振子を使って，その原理を述べる．時計の振子のようなものを想定して，これをバスや電車の吊り革のようにぶら下げる．発進および停止するときは，必ず振子は揺れる．この振子が揺れなければ，振子は重力の方向に向いていることになる．揺れを止める方法はないのか．

　答は，振子の腕を長くする．どれくらい長くすればよいのか．それは，地球の半径の長さにする．確かに振子の長さが地球の半径になれば，重りは地球の中心位置になる．地表上でどんな動きをしても地球の中心では加速度が働かないから，重りは静止していることがわかる．地球の中心に向かう振子の腕は，重力方向と一致することになる．この原理によって，重力方向を正しく見極めることができるようになった．

　この原理がシューラチューニングである．ちなみに，この振子の周期は約84分になる．これをシューラ周期と呼んでいる．

　原理はわかったが，こんな長い振子を実現することはできない．その方法として，シューラ周期を築くことにより，この原理を実現することができた．

　この具体例を図6.2，図6.3で示す．それぞれジンバル方式のプラットホームおよびストラップダウンと呼ばれる解析的なプラットホームである．考え方として

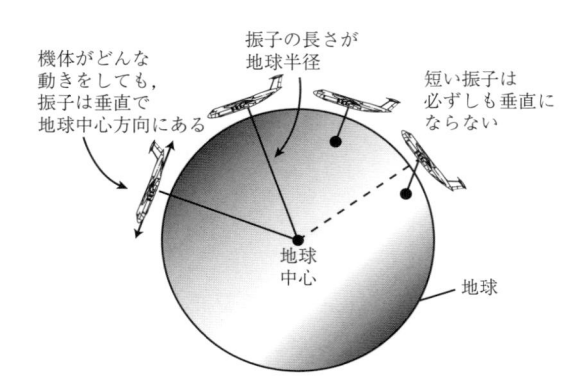

図6.2　シューラチューニング原理図

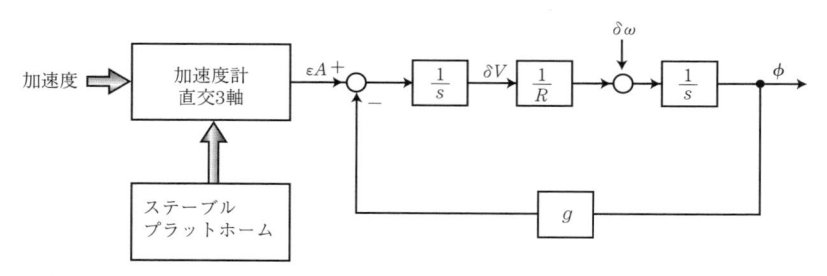

図6.3　シューラループのブロック図

は，地表上の飛行体において加速度の水平成分を積分して水平速度が求まる．その速度を地球の半径で割ることにより，地球の中心から見た角速度が得られる．この角速度をさらに積分すると，角度になる．この角度が水平からずれた誤差になるので，この誤差角と重力の積は水平であればゼロになるという考えの閉ループになっている．この閉ループが，シューラ周期になるように設定される．

$$\frac{d^2\theta}{dt^2}+\frac{g}{R}\theta=0 \quad\quad\quad (6.4)$$

$$\theta=A\sin\omega t \quad\quad\quad (6.5)$$

$$T=2\pi\sqrt{\frac{R}{g}} \quad\quad\quad (6.6)$$

2) レベリング

姿勢の基準となる水平プラットホームを自動的に築くことを，レベリングと呼んでいる．方法はジンバルによる方法と，ストラップダウンによる方法がある．第1章でその構造および構成を述べた．ここでもシューラチューニングの原理が用いられることになるが，この原理をそのまま適用すると，84分の周期でプラットホームが振動する．振動を止めるために，外部の基準となる速度で制動をかけることによって，安定したプラットホームが得られる．船舶，航空機などにこの種の姿勢基準装置を搭載する場所は動揺の中心が望ましいが，一般には中心から離れた場所に設置される．この動揺の中心から据付場所までの距離を，レバーアームと呼んでいる．

シューラ周期は理想であるが，安定するのに時間がかかる．そのために，レバーアームの長さに応じて適切なレベリングループの定数を決めることにより，要求の精度および動揺条件を考慮して設計されている．代表的なレベリンググループのブロック図を，1軸について図6.4に示す．

このループから得られるプラットホームの角度誤差を，次式で示す．

$$\phi_y(s) = \frac{\frac{(1+K_2)}{R}\varepsilon A_x(s) + (s+K_1)\delta\omega_y(s) + (s+K_1)\Omega_x\phi_z(s) + \frac{(K_1-K_2s)}{R}\delta V_x(s)}{s^2 + K_1 s + (1+K_2)\omega_0^2} \quad (6.7)$$

他の軸についても同様に，つぎのように示される．

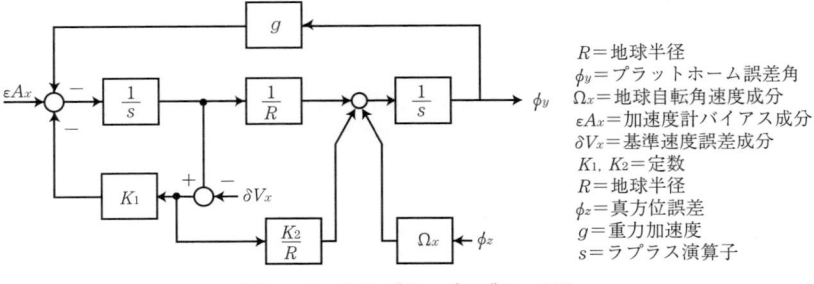

図6.4　レベリングループのブロック図

R＝地球半径
ϕ_y＝プラットホーム誤差角
Ω_x＝地球自転角速度成分
εA_x＝加速度計バイアス成分
δV_x＝基準速度誤差成分
K_1, K_2＝定数
R＝地球半径
ϕ_z＝真方位誤差
g＝重力加速度
s＝ラプラス演算子

$$\phi_x(s) = \frac{-\dfrac{(1+K_2)}{R}\varepsilon A_y(s) + (s+K_1)\delta\omega_x(s) - (s+K_1)\Omega_y\phi_z(s) - \dfrac{(K_1-K_2 s)}{R}\delta V_y(s)}{s^2 + K_1 s + (1+K_2)\omega_0^2} \quad (6.8)$$

この式から，分母の特性方程式は2次式で示される．シューラチューニング周波数を ω_0，制動（ダンピング）を受けているときの固有振動数を ω_n，ダンピング定数を ξ とすると，

$$2\xi\omega_n = K_1 \quad\quad (6.9)$$
$$\omega_n^2 = (1+K_2)\omega_0^2 \quad\quad (6.10)$$

となる．用途に応じて定数 K_1, K_2 を選ぶことにより，適切なレベリング時間を決めることができる．

② 方位基準の決め方

方位は，初期方位基準と真方位基準が用いられている．初期方位基準は，既知の方位角を初期値として方位角速度を積分して実時間の方位角を求める．この方法では初期方位を自分で求めることはないので，初期方位を求めるためのアライメント時間を要しない．速やかに発射させねばならないとか，ジャイロドリフトが問題とならないような短時間の運用といった用途では，ほとんどこの方法が用いられている．またカーナビは複合航法であるから，ジャイロの方位は短い時間で方位角の初期化を繰り返しならが使われている．

真方位を求める方法をジャイロコンパシングと呼んでおり，船舶に使われるジャイロコンパスがこれに相当する．船舶用のジャイロコンパスは，ジャイロ計器というところで説明しているが，真方位を求めるのに長い時間を要する．航空用に使われるものを，姿勢方位基準装置ないしは慣性航法装置と呼んでいる．運用上の必要性から，アライメントと称して姿勢および真方位を短時間で求められるようになっている．時間は用途および精度にもよるが，5から10分で真方位が求められる．弟5章でこの装置の概要を述べた．

(3) 位置の検出

慣性航法による位置計算は加速度を積分して速度が求まり，さらに積分して

位置が求まる．この位置を精度良く求めるポイントは，重力加速度の影響を取り除くために水平安定プラットホームを構築することである．それでもジャイロのドリフトおよび加速度計のバイアスは各種の最適補正を適用しても完全にゼロにすることはできないので，これらの誤差から生じる位置誤差は時間とともに増大していくという特性をもつ．

① シューラループによる位置計算

慣性航法の位置精度は加速時計，ジャイロ，プラットホームの水平精度および時間をパラメータにして求められる．シューラループを構成しているブロック図を，**図6.5**に示す．

ジャイロドリフトが1°/時で一定とした場合に表れる速度誤差，および位置誤差をこのブロック図から計算すると，**図6.6**のようになる．毎時約60ノーチカルマイル（110km相当）の誤差になる．大きな誤差と思われるが，航空機搭載の慣性航法装置の誤差が0.5から1ノーチカルマイル（約0.9から1.8km）である．航空機に使われるような精度が高いジャイロ（0.01°/時より良いクラス）を使っても，慣性航法による位置誤差は1時間も使えばこの程度の誤差になることを承知しておくとよい．

② 短時間用途の位置計算

誘導弾，魚雷，爆弾といった誘導兵器は航空機に比べると非常に短い時間の運用であるが，同じように慣性航法で位置を求める必要がある．また，民間では3次元測量機に慣性航法が応用されたという事例もある．0.5mmの位置精度を得たという報告もある．これは，計測時間が短くなれば，位置誤差が

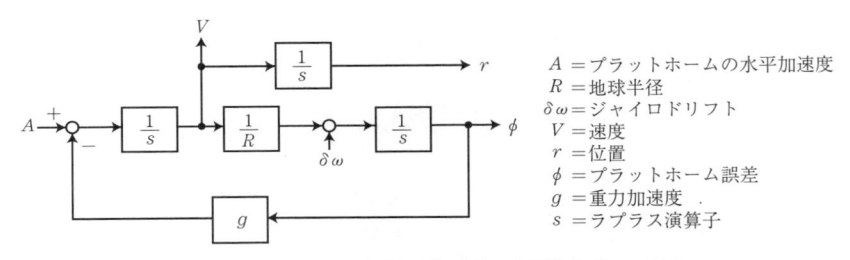

A ＝プラットホームの水平加速度
R ＝地球半径
$\delta\omega$ ＝ジャイロドリフト
V ＝速度
r ＝位置
ϕ ＝プラットホーム誤差
g ＝重力加速度
s ＝ラプラス演算子

図6.5　シューラループによる速度・位置計算ブロック図

図6.6　速度および位置誤差

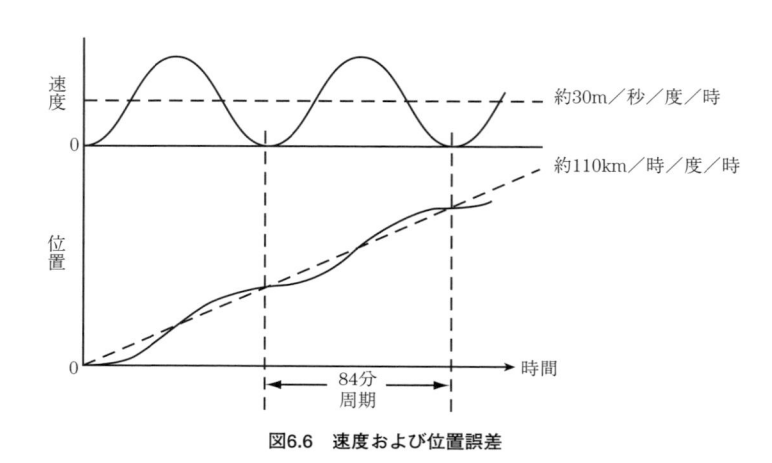

小さくなるという特性が利用されている．他のセンサと併用することによって，慣性で計測する時間を短くするという複合的な方法で位置計測に使われる例もある．

計測時間が6分程度の短い時間でみると，位置誤差は時間の1次比例となっていない．ジャイロドリフトによる位置誤差は時間の三乗に比例し，加速度のバイアスによるものは時間の二乗に比例するという特性がある．

慣性航法という手法で，計測時間が短い場合の位置計算を北軸および東軸のレベリングループのブロック図（**図6.7**，**図6.8**）を使って行なう位置計算式を，以下に示す．

$$\delta r_N = \delta r_N(0) + \delta V_N(0)t + \frac{1}{2}gt^2\left(\frac{\delta A_N}{g} + \phi_E(0)\right)$$
$$+ \frac{1}{6}gt^3(\delta\omega_E + \Omega\cos\lambda\phi_z(0)) + \frac{1}{24}g\Omega\cos\lambda t^4 \delta\omega_E \quad \cdots\cdots\cdots (6.11)$$

$$\delta r_E = \delta r_E(0) + \delta V_E(0)t + \frac{1}{2}gt^2\left(\frac{\delta A_E}{g} + \phi_N(0)\right) + \frac{1}{6}gt^3\delta\omega_N \quad \cdots\cdots (6.12)$$

$\delta A_N,\ \delta A_E$　　　　：北軸および東軸加速度計バイアス
$\delta\omega_N,\ \delta\omega_E,\ \delta\omega_D$　：北軸，東軸，垂直軸ジャイロドリフト
$\phi_N(0),\ \phi_E(0),\ \phi_D(0)$：北軸および東軸の初期姿勢角誤差，初期方位角

誤差

$\delta V_N(0)$, $\delta V_E(0)$ ： 北軸，東軸の初速誤差
δr_N, δr_E ： 北軸，東軸位置誤差，
Ω ： 地球の自転角速度
g ： 重力加速度
λ ： 緯度
s ： ラプラス演算子
t ： 時間

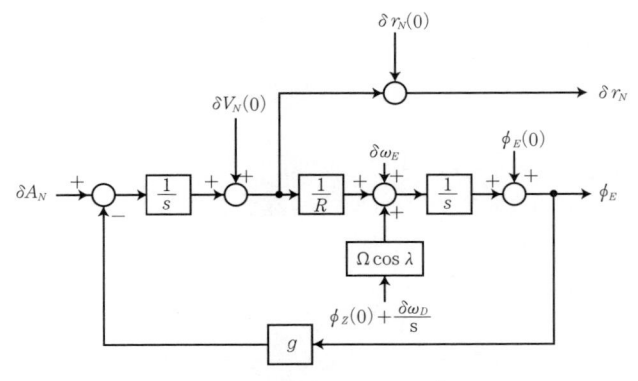

図6.7 北軸シューラループ

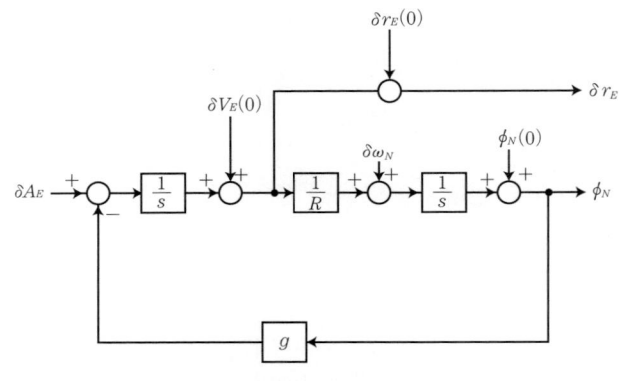

図6.8 東軸シューラループ

6.1.3 ジャイロ選定のポイント

　大きな「こま」を使うジャイロから，半導体ICのように小さいジャイロまで，技術の進歩とともに新しいジャイロが開発されてきた．最新のジャイロを使えばどんな用途にも使えるかというと，残念ながらそこまでにはなっていない．
　ジャイロの3原理を第1章で述べた．いずれの原理であれ，小さくすることは感度が下がる．たとえば，ダイナミックレンジが10^6というジャイロの最大検出電圧を1Vとすると，最小検出電圧は$1\mu V$になる．ジャイロを小さくしたことによって感度が下がると，同じ分解能を得るには$1\mu V$以下の信号を取出さなければならない．低い電圧ではノイズとの区別がむずかしく，また周囲環境の影響も受けやすくなる．
　このような技術課題を克服することによって，ICジャイロとも呼ばれる小さなジャイロが既存の高精度ジャイロに置き換わる時代に期待がもたれている．しかしながら，ジャイロ研究者の間ではダイナミックレンジを1桁上げる可能性はあっても，それ以上はむずかしいと考える人が多い．
　したがって，すべての用途に適用できるというジャイロは当面考えられないので，用途に応じて適切なジャイロを選定するという作業は必要である．角速度検出ジャイロの選定目安としては，つぎの点が主な検討対象になる．

① 寸法・重量
② 検出範囲
③ ドリフト，直線性，スケールファクタ
④ 起動時間・ウオームアップ時間
⑤ 周波数特性
⑥ 環境条件（温度，振動，衝撃など）
⑦ 信号出力（アナログ，デジタル）
⑧ 寿命
⑨ 価格

　すべての点で1番というジャイロはない．用途に応じて何を優先するかという観点に立って，ジャイロを選ぶことが大切である．

6.2 移動体の姿勢制御への応用

　広い意味で動くものということになるが，動くことによって位置が変わるものを移動体と定めた．身近なところでは車がある．ジャイロがカーナビに使われた話は聞くが，ロール，ピッチの姿勢制御に使われたということはあまり聞かない．道路は平らに舗装されているので，緩やかな傾斜やカーブがあっても人のハンドル操作で道路に沿って運転していけば，何ら不快感を味わうことなく目的地に着ける．

　車にはジャイロは必要なかった．しかし最近では，このような車にもハンドル操作をより楽にして，かつスムーズな旋回制御を試みた電子制御機能付の車も出ている．ジャイロがヨーダンパとして，車にも航空機同様の機能が使われ始めたことになる．

　海中および空中では，姿勢および方位の基準がない．操縦者は航法装置があれば，そのような環境でも移動体の姿勢を制御しながら，目的地に向けての運行をすることができる．この場合に必要な姿勢制御は，人間の反応を越える速い移動体の姿勢変化を安定させることである．無人の移動体の場合は移動体の安定を図ると同時に，有人と同じ役割を果たして目標まで姿勢を制御しながら移動することになる．

　姿勢制御とは移動体のロール，ピッチおよびヨー軸の角度制御をすることで，移動体の姿勢の安定を図る．この制御に必要なセンサが，ジャイロということになる．必要なセンサ機能はロール，ピッチおよびヨー軸の角速度および角度の検出である．また，ロール，ピッチおよびヨーは機軸固定座標 (x, y, z) の回転を表すものである．姿勢・方位とは，一般に機軸（x軸）の姿勢・方位を基準座標 (N, E, D) に対して表している．**図6.9**に示した座標において，N軸をD軸まわりに方位角 (φ) の回転，つぎにE'軸まわりにピッチ角 (θ) の回転をしてN軸を機軸（x軸）に一致させる．最後に一致したN軸をx軸まわりにロール角 (ϕ) の回転をして，N, E, D座標を機体軸座標に一致させる．この

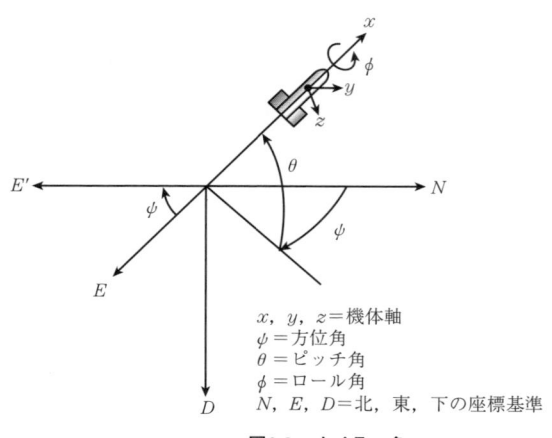

$x, y, z=$ 機体軸
$\psi=$ 方位角
$\theta=$ ピッチ角
$\phi=$ ロール角
$N, E, D=$ 北, 東, 下の座標基準

図6.9　オイラー角

ようにして定めた機軸（x軸）の方位角，ピッチ角，およびロール角をオイラー角と呼んでいる．

　これらの角速度および角度を検出するセンサの方式には，2自由度姿勢ジャイロを使うジンバル型方式と，ストラップダウン型方式がある．それぞれの構成を以下に示す．

（1）　ジンバル型姿勢基準装置

- ▶ バーチカルジャイロ　　　：1台
- ▶ デイレクショナルジャイロ　：1台
- ▶ レートジャイロ　　　　　：3台

（2）　ストラップダウン型姿勢基準装置

- ▶ レートジャイロ　　　　　：3台
- ▶ 加速時計　　　　　　　　：3台

　この他に2次元の平面走行の例として車の無人走行，鉱石などの無人搬送，工場内の無人搬送とう各種の無人走行車両があるが，これらは平面に垂直なヨー軸まわりの方向制御を原理とする無人搬送車である．

6.3 慣性航法装置への応用

慣性航法装置は，不可欠な装備品として航空機や潜水艦に用いられている．この装置は，時間をパラメータとして誤差が増大するという欠点があるので，慣性を使わない方法で速度ないしは位置を測る支援機器と組合せた複合航法装置もある．この種の航法装置を，ハイブリッド航法装置とも呼ぶ．ドップラーレーダー，船舶用ログ，GPSなどが支援機器として用いられている．衛星を利用したGPSとの複合航法装置に対する期待は多く，年々広がっている．第5章で本装置の説明をしているので，本項では基本的な原理の説明をする．

慣性航法装置は，地球表面を航行する移動体の速度および位置を求める．その方法は，地球の重力方向を基準とするローカルバーチカル系を用いている．航行する移動体の現在地を慣性航法で求めるには，航行始めの初期姿勢方位，速度および位置を与える必要がある．慣性航法の原理を理解する上で必要なテーマを以下に述べる．

- ▶ 座標系
- ▶ 座標の回転ベクトル変換
- ▶ 方向余弦マトリックスの微分方程式（ストラップダウン方式）
- ▶ クオータニオン（ストラップダウン方式）
- ▶ シューラチューニング

6.3.1 座標系

移動体が受ける加速度は慣性基準であるから，この加速度を地球表面の位置に変換して求めるには種々の座標基準を介することになる（**図6.10**）．つぎの6種類の座標系が，この航法装置に必要なものとなっている．

- ▶ 地球中心慣性座標系 (x_i, y_i, z_i) ·························· i 座標系
- ▶ 地球固定座標系 (x_e, y_e, z_e) ·························· e 座標系

- ▶ 航法座標系（x_n, y_n, z_n）……………………………n座標系
- ▶ ワンダーアジマス座標系（x_c, y_c, z_c）……………c座標系
- ▶ プラットホーム座標系（x_p, y_p, z_p）………………p座標系
- ▶ 機体座標（x_b, y_b, z_b）……………………………b座標系

慣性座標から機体座標まで方向余弦マトリックスによって変換される流れを，**図6.11**のブロック図で示した．またC_i^e, C_e^n, C_n^c, C_c^p, C_p^b, は方向余弦の変換マトリックスである．

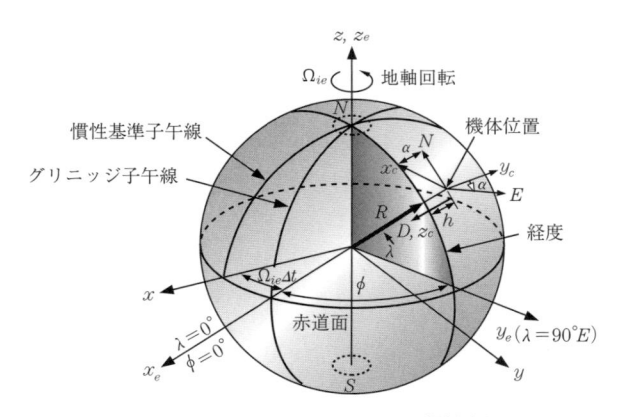

図6.10 座標基準

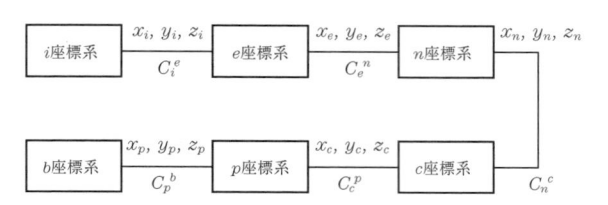

図6.11 慣性座標から機体座標までの変換流れブロック図

(1) 地球中心慣性座標系

真の慣性座標から見ると，この座標は様々な要因で動いている．したがって，センサの基準となる慣性座標とは厳密には異なっている．地球表面を航行するものを扱う場合は，この座標を慣性座標と考えてよい．すなわち，航法計算に差が出ないということである．

(2) 地球中心固定座標系

地球に固定された座標で，上述の慣性座標に対して24時間毎に1回転する．回転軸は南北の極を通る軸である．地球の中心から緯度および経度が0°となる方向をx_e軸，緯度が0°で経度が90°東に回転した方向をy_e軸としている．

(3) 航法座標

地表の位置を示す地理座標（緯度，経度）を表わしている．

(4) ワンダーアジマス座標系

地球上を航行する航空機の例を用いて述べる．航空機は，地球中心から地球半径に高度を加えた位置で回転している．このことは，航空機が航行することによって地球から見ると角速度を生じていることになる．これをトランスポートレートと呼んでいる．

航空機が東へ①，②，③と，速度V_Eで航行しているときの座標，N，E，Zを図6.12に示している．この図から航空機が航行することによって，Z軸が回転している様子がわかる．

このZ軸の角速度が計算される手順を，図6.13に示した．トランスポートレートは，次式で表される．

$$\dot{\alpha} = -\frac{V_E}{R}\tan\lambda \qquad (6.13)$$

α：ワンダー角　　V_E：東軸速度　　R：地球半径　　λ：緯度

この角速度$\dot{\alpha}$を積分した角度αを，ワンダー角と呼んでいる．プラットホーム上で回転したαを基準にした座標が，ワンダーアジマス座標である．

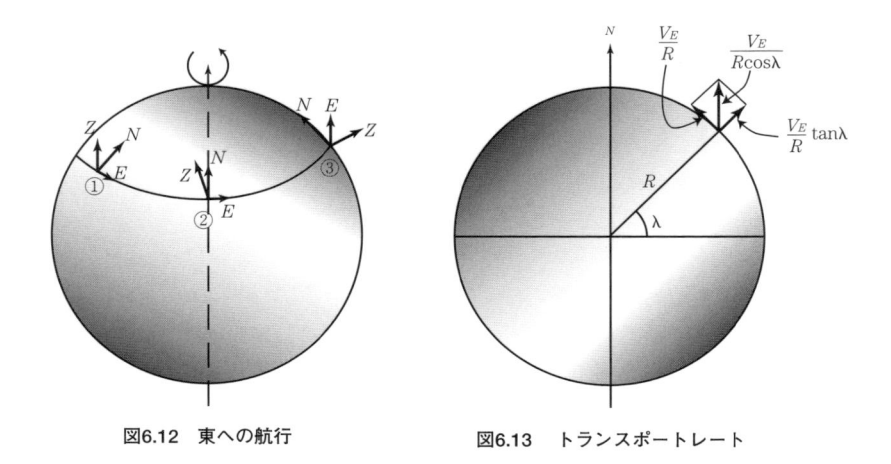

図6.12　東への航行　　　　図6.13　トランスポートレート

(5) プラットホーム座標

ローカルレベルを保持している座標である．すなわち，水平に保たれた座標である．

(6) 機体座標

機体に固定された直交座標．この座標はストラップダウン方式の場合によく用いられる．

6.3.2　慣性航法の方程式

地球中心の慣性座標系において，移動体の運動を微分方程式で表すとつぎのようになる．

$$\dot{\vec{R}} = \vec{V} \quad \cdots\cdots (6.14)$$

$$\left[\frac{d\vec{V}}{dt}\right]_I = \vec{A} + \vec{g}_m(R) \quad \cdots\cdots (6.15)$$

$\vec{R}$：移動体の位置ベクトル
$\vec{V}$：移動体の速度ベクトル

$\vec{A}$：移動体に作用する加速度ベクトルで重力を含まないもの
$\vec{g_m}(R)$：地球の質量に対して作用する重力加速度ベクトル

地球は慣性座標系からみると回転している．地球座標の位置ベクトルを微分して，慣性系からみるとつぎのようになる．

$$\left[\frac{d\vec{R}}{dt}\right]_I = \left[\frac{d\vec{R}}{dt}\right]_E + \vec{\Omega} \times \vec{R} = \vec{V} + \vec{\Omega} \times \vec{R} \quad \cdots\cdots (6.16)$$

$\vec{\Omega}$：地球自転　　$\vec{V}$：対地速度

(6.16) 式を慣性系で微分する．このとき，$\frac{d\vec{\Omega}}{dt} = 0$ であるから，

$$\left[\frac{d^2\vec{R}}{dt}\right]_I = \left[\frac{d\vec{V}}{dt}\right]_I + \vec{\Omega} \times \left[\frac{d\vec{R}}{dt}\right]_I \quad \cdots\cdots (6.17)$$

(6.16) 式を (6.17) 式に代入すると，

$$\left[\frac{d^2\vec{R}}{dt}\right]_I = \left[\frac{d\vec{V}}{dt}\right]_I + \vec{\Omega} \times \vec{V} + \vec{\Omega} \times (\vec{\Omega} \times \vec{R}) \quad \cdots\cdots (6.18)$$

同様にプラットホーム系からみた速度を使って慣性系からみた速度は，

$$\left[\frac{d\vec{V}}{dt}\right]_I = \left[\frac{d\vec{V}}{dt}\right]_P + \vec{\omega} \times \vec{V} \quad \cdots\cdots (6.19)$$

ω：慣性系からみたプラットホームの角速度

(6.19) 式を (6.18) 式に代入すると，

$$\left[\frac{d^2\vec{R}}{dt^2}\right]_I = \left[\frac{d\vec{V}}{dt}\right]_P + (\vec{\omega} + \vec{\Omega}) \times \vec{V} + \vec{\Omega} \times (\vec{\Omega} \times \vec{R}) \quad \cdots\cdots (6.20)$$

(6.20) 式を (6.15) 式に代入すると，

$$\vec{A} = \left[\frac{d\vec{V}}{dt}\right] + (\vec{\omega} + \vec{\Omega}) \times \vec{V} + \vec{\Omega} \times (\vec{\Omega} \times \vec{R}) - g_m(R) \quad \cdots\cdots (6.21)$$

$\Omega \times (\Omega \times R)$ は地球の自転から生じる加速度であり，地表の位置によって決まるので，R の関数として表すと，

$$\vec{g}(R) = \vec{g_m}(R) - \vec{\Omega} \times (\vec{\Omega} \times \vec{R}) \quad \cdots\cdots (6.22)$$

(6.22) 式を (6.21) 式に代入すると，

$$\vec{A} = \left[\frac{d\vec{V}}{dt}\right]_P + (\vec{\omega} + \vec{\Omega}) \times \vec{V} - \vec{g}(R) \quad \cdots\cdots (6.23)$$

となる.また,プラットホームの角速度ωは地球自転と,地球から見た移動体の角速度ρで表されるから,

$$\vec{\omega} = \vec{\Omega} + \vec{\rho} \quad \cdots\cdots\cdots\cdots\cdots\cdots\cdots\cdots\cdots\cdots\cdots\cdots\cdots\cdots\cdots\cdots\cdots\cdots \quad (6.24)$$

(6.23)式および(6.24)式から,

$$\left[\frac{d\vec{V}}{dt}\right]_P = \vec{A} - (\vec{\rho} + 2\vec{\Omega}) \times \vec{V} + \vec{g}(R) \quad \cdots\cdots\cdots\cdots\cdots \quad (6.25)$$

(6.25)式が慣性航法方程式と呼ばれるもので,プラットホーム座標系ないしはワンダーアジマス座標系で移動体の運動を扱うことができる.

さらに,プラットホームの座標をx, y, zで表すと,つぎのような成分に展開できる.

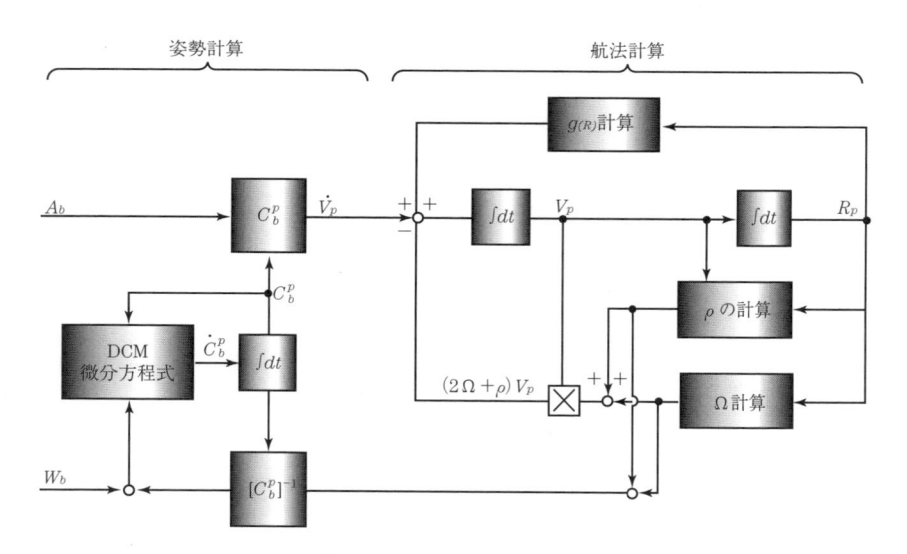

A_b = 機体加速度
W_b = 機体角速度
C_b^p = 機体座標からプラットホーム座標への
 変換方向余弦マトリックス(DCM)
R_p = 地表の位置
V_p = プラットホームからみた速度

図6.14 スララップダウン方式の慣性計算

$$\left.\begin{aligned}\dot{V}_x &= A_x - (\rho_y + 2\Omega_y)V_z + (\rho_z + 2\Omega_z)V_y + g_x \\ \dot{V}_y &= A_y - (\rho_z + 2\Omega_z)V_x + (\rho_x + 2\Omega_x)V_z + g_y \\ \dot{V}_z &= A_z - (\rho_x + 2\Omega_x)V_y + (\rho_y + 2\Omega_y)V_x + g_z\end{aligned}\right\} \quad \cdots\cdots\cdots (6.26)$$

 (6.25) 式が，航法計算のアルゴリズムを構築するための基本となる式である．この式をブロック図に展開すると**図6.14**のようになる．航法計算にあたっては，姿勢，方位，速度および位置の初期値が必要である．一般には，初期値の設定を初期アライメントと呼んでいる．初期姿勢を求める手法としてはレベリングと呼ばれる方法が，また真方位を求める方法としてはジャイロコンパシングと呼ばれる方法がおのおの用いられている．

 誤差要因と位置誤差の関係を**表6.3**に示す．ただし，シューラ周期にダンピングが作用しない場合の誤差計算である．

表6.3 誤差要因と位置誤差の関係

	誤差要因	誤差方程式
1	初期位置誤差 $\varepsilon x_0, \varepsilon y_0$	$\varepsilon x = \varepsilon x_0 \cos \omega_s t$ $\varepsilon y = \varepsilon y_0 \cos \omega_s t$
2	初期速度誤差 $\varepsilon V_{x0}, \varepsilon V_{y0}$	$\varepsilon x = \varepsilon V_{x0} \cdot \dfrac{1}{\omega_s} \sin \omega_s t$ $\varepsilon y = \varepsilon V_{y0} \cdot \dfrac{1}{\omega_s} \sin \omega_s t$
3	初期アライメント姿勢誤差 $\varepsilon \theta_{x0}, \varepsilon \theta_{y0}$	$\varepsilon x = -\varepsilon \theta_{y0} \cdot R_0 (1 - \cos \omega_s t)$ $\varepsilon y = \varepsilon \theta_{x0} \cdot R_0 (1 - \cos \omega_s t)$
4	加速度バイアス （レベルプラットホーム） $\varepsilon A_x, \varepsilon A_y$	$\varepsilon x = \varepsilon A_x \cdot \dfrac{1}{\omega_s^2} (1 - \cos \omega_s t)$ $\varepsilon y = \varepsilon A_y \cdot \dfrac{1}{\omega_s^2} (1 - \cos \omega_s t)$
5	ジャイロドリフト （レベルプラットホーム） GD_x, GD_y	$\varepsilon x = -GD_y R_0 (t - \dfrac{1}{\omega_s} \sin \omega_s t)$ $\varepsilon y = GD_x R_0 (t - \dfrac{1}{\omega_s} \sin \omega_s t)$
6	アジマスジャイロドリフト （レベルプラットホーム） GD_z	$\varepsilon x = GD_z \cdot V_y [(t^2 - \dfrac{2}{\omega_s^2} (1 - \cos \omega_s t)]$ $\varepsilon y = GD_z \cdot V_x [(t^2 - \dfrac{2}{\omega_s^2} (1 - \cos \omega_s t)]$

6.4 ジャイロ計器への応用

ジャイロを用いた計器には船舶用のジャイロコンパス，航空計器用のバーチカルジャイロインジケータなどがあり，船舶の方位検出，航空機の姿勢検出に用いられている．

6.4.1 ジャイロコンパス

船舶用のジャイロコンパスは船の方位を示す計器であり，目標物のない海上の航海では重要な役割を果たしている．ジャイロコンパスは転輪ら針儀とも呼ばれ，回転する「こま」を利用し真北を指示するために用いられる．これは，磁気に左右されないため，以下のような特徴がある．
① 真北を指示するため，磁気コンパスのような偏差をもつ不便さがない．
② 磁気に関係ないため，鉄類の配置などを考慮しなくてもよい．
③ 指北力が安定しており，耐振性が高く，緯度が高くなっても相当の指北力を保っているので，極地近辺の航海においても利用できる．

このジャイロコンパスに用いられるのは，ディレクショナルジャイロであり，ジャイロのスピン軸を常に水平に保ち真北を示すものである．

(1) 地球の自転

ジャイロコンパスは，ジャイロの特性と地球の自転を利用して指北作用をもつものであるため，地球の自転について考えておく必要がある．

地球の自転は，24時間に1回転の速さで西から東へ向かっているので，その回転ベクトルは北向きである．この地球の自転は，線速度と地盤の傾斜および地盤の旋回に分けて考えることができる．

① 線速度

地球の自転による西から東への線速度は，赤道において900ノットである（1時間に経度15°の自転であるから，赤道における経度1°の長さ60海里に15を掛けて出る数値）．すなわち，地球の自転の角速度をΩ（$=15$ °／時）とし，地球半径をR（$=637\times10^6$cm）とすれば，$C\Omega R=900$ノットである．ただし，Cは換算定数の942×10^{-10}である．

緯度L°における線速度は，$C\Omega R\cos L=900\cos L$°ノットである．

たとえば，60°N（北緯）における線速度は，$900\times\cos 60°=450$ノットである．

② 地盤の傾斜

赤道において，地盤は絶えず西方が上に東方が下になるような傾斜を続けている．ここでは，地球の自転の角速度Ωそのままの角速度である．したがって，赤道において真東を向けて水平に起動したジャイロは，絶対方向を一定に保っているために，見かけ上は地盤の東西傾斜のためにジャイロ軸が毎時15°の角速度で上昇し続け，**図6.15**に示すように24時間で360°回ることになる．

地盤の東方傾斜は，赤道において最大値Ω，極において最小値0であり，中間緯度においては，$\Omega\cos L$°（$15\times\cos L$ °／時）である．

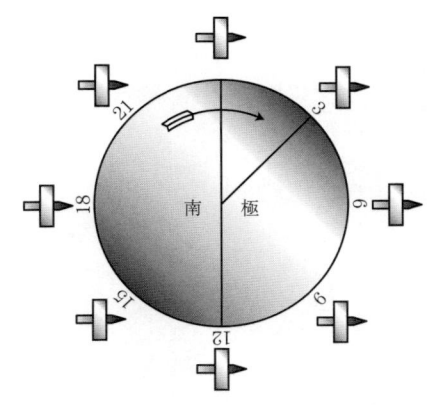

図6.15 赤道における地盤の東方傾斜とジャイロの俯仰運動

③ 地盤の方位旋回

北極においては，地盤は上から見て左回りに旋回し続けている．ここでは，地球の自転の角速度Ωそのままの速度である．したがって，北極において一定方向を向けて水平に起動したジャイロは絶対方向を一定に保っているため，見かけ上は地盤の傾斜のために毎時15°の角速度で上から見て右旋回を続け，24時間で360°回ることになる．

地盤の旋回は極において最大値Ω，赤道において最小値0であり，中間緯度においてはΩ $\sin L$°（15×$\sin L$ °／時）である．

南極においては地盤は上から見て右回りに旋回しているので，ジャイロ軸は見かけ上，左旋回をすることになる．

図6.16において，Oは地球の中心，Aは北極ψ(rad)の地点とする．

地球自転の角速度ω(rad/s)は，極においてもA点においてもまた赤道上においても同じ大きさであるが，極以外の地点ではωの他に並進運動が加わっている．ジャイロの運動を考える場合には並進運動は直接は関係しないため，角速度のみを考えることにする．A点の角速度ωを南北水平軸の周りの俯仰の角速度と，A点鉛直軸の周りの方位旋回の角速度とに分割すると，南北水平軸の周りの俯仰角速度は$\omega\cos\psi$，鉛直軸まわりの方位旋回角速度は$\omega\sin\psi$となる．

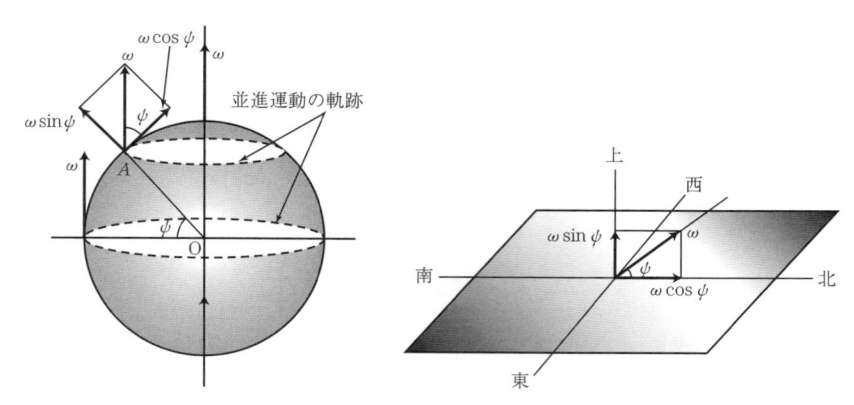

図6.16 俯仰と方位旋回の角速度

地球上，中緯度において水平に置いたジャイロが一定の絶対方向を指しているにもかかわらず，視運動を生ずる状態を示す．

図6.17 視運動と地球の関係

　つまり，赤道においては俯仰の角速度ωのみであり，南北両極においては方位旋回の角速度ωのみとなり，中間緯度の地点ではその両方の成分をもっている．

　図6.17に示したのは，北緯の中間緯度においてジャイロ軸を水平にして北を向けて起動した場合の視運動と，地球との関係を示したものである．これによって，地球に対する俯仰運動と旋回運動とが同時に起きることが理解できる．

　各緯度においてジャイロは北向きに，その地の緯度と同じ角だけ北半球において仰角を，南半球において俯角をもった場合のみジャイロ軸は視運動においても静止して見える．

　以上により，ジャイロコンパスとしてジャイロを使用するには，単に2軸の自由を有するのみでは不都合であり，何らかの方法によって軸が水平の状態で地盤の方位旋回を追うような指北性を有する必要があることがわかる．

(2) 指北原理

　2軸の自由を有するジャイロを，赤道において水平に南北方向に向けて起動すれば，これは一応北を示したままその方向を保持するであろう．ところが，何らかの理由によってその軸方向が変えられたときは，今度はそれを北に戻す力がないので，その絶対方向は保たれるが，視方向は刻々変化することになる．また中緯度においてはジャイロを水平に保って南北線中に安定させることは，

このままの状態ではできない．船舶にこれを積んだ場合は，船の動揺，偏心による軸受の摩擦などにより，このままではジャイロをジャイロコンパスとして用いることはできない．

そこで地球上において見かけ上その軸端が北を向いて，そこに静止するような指北性のあるジャイロでなければならない．このために考えられたのが，重りを下げたジャイロである．

その構造は図6.18に示すようなものであって，2軸の自由のうち水平軸の周りの自由を重力によって抑止している．

このジャイロを赤道においてジャイロのベクトルの方向（指北軸）が東を向くようにして起動した場合，これは図6.19の①の状態であるが，地盤の南北水平軸の周りの傾斜運動のため，ジャイロの指北端は上昇する．そのため，重りは指北端を水平に戻そうとする力（トルク）を与える．これが②の状態である．そのトルクのベクトルの向きは北向きであるため，ジャイロの指北端は北の方へプリセッションを起こす．これが③の状態である．

つまり，地盤の傾斜運動のために，ジャイロ軸の地盤に対する見かけ上の運動は指北端が東に偏して向いているときは指北端は上昇運動となり，指北端が西へ偏して向いているときには指北端は下降運動となる．指北端が上がったと

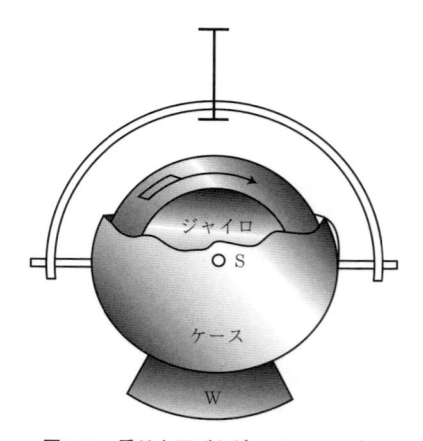

図6.18　重りを下げたジャイロコンパス

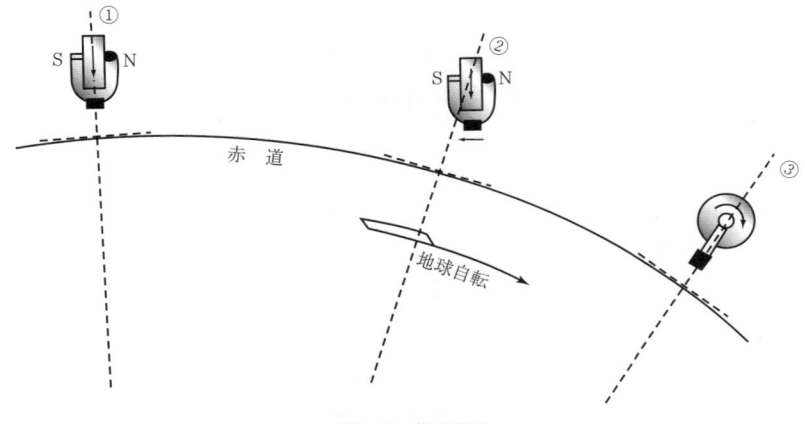

図6.19　指北原理

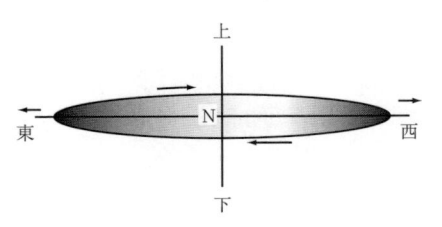

図6.20　指北端の動き

きと下がったときとでは，重りによる復元トルクの向きが逆になるから，プリセッションの向きも逆となる．そしてそのプリセッションの向きは指北端を北に向かせる方向であるため，指北性を保つことになる．

以上の運動における指北端の動きを**図6.20**に示す．ここで，水平面からの傾斜は地盤の傾斜のための相対運動であり，ジャイロコンパスはこの指北原理を利用したものである．

6.4.2 バーチカルジャイロインジケータ

　飛行機は，飛行中に図6.21に示した3つの軸に対して姿勢が変化する．バーチカルジャイロは，ロール軸とピッチ軸に関する飛行機の姿勢を検出するものである．
　バーチカルジャイロには，ジャイロの出力で直接表示機構を作動させ飛行機の姿勢を表示するものと，ジャイロの出力を一旦電気信号に変えて別の表示器により姿勢を表示するものがある．前者はバーチカルジャイロインジケータ（VGI）（または，水平儀）と呼ばれ，操縦席の計器板に取付けられている．
　バーチカルジャイロは，スピン軸が常に地球の重力方向に一致するように制御された2自由度のジャイロである．通常，外ジンバルが飛行機のロール軸と平行になるように装備されるため，外ジンバルがロール軸，内ジンバルがピッチ軸となる．

（1）バーチカルジャイロのドリフト
　スピン軸は，何の制限もなく自由であれば空間に対して一定の方向を保っている．したがって，地球とともに回転しているジャイロの固定台は，スピン軸に対して回転していることになる．このため，スピン軸は見かけ上傾くことに

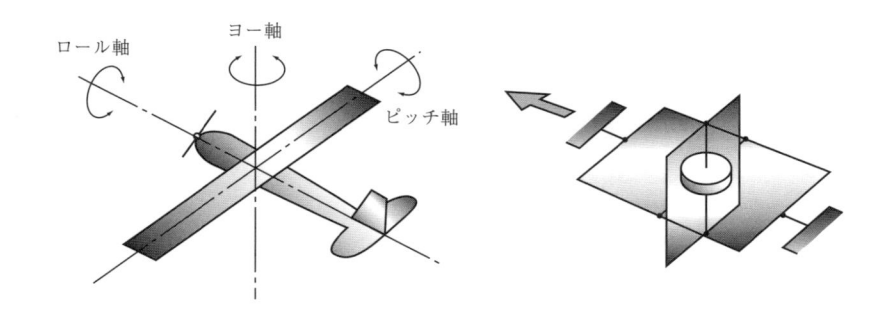

図6.21　飛行機の動きとバーチカルジャイロの配置

なる．地球は毎時15°の割合で回転しているため，北緯 λ°の地点では地球の自転の角速度の水平成分は$15 \times \cos\lambda$（°／時）である．

したがって，この地点でロータ軸が垂直で外ジンバルが南北の線から方位 φ になるように置かれたジャイロは，

- 外ジンバルは，$15 \times \cos\lambda \times \cos\varphi$（°／時）
- 内ジンバルは，$15 \times \cos\lambda \times \sin\varphi$（°／時）

の割合で傾いていくことになる．このように，地球上にあるバーチカルジャイロは地球の自転によりスピン軸が傾いていく．これは地球自転によるドリフトといわれる（図6.22）．

つぎに，図6.23に示すように東京上空でスピン軸が垂直であったバーチカルジャイロは，飛行機が北極上空まで飛んでいったときは，

$$90° - 35° 30' = 54° 30'$$

だけスピン軸が傾くことになる．これは移動によるドリフトと呼ばれる．

これらのドリフトは，局地的な重力方向を垂直として人間が生活しているために生じる見かけ上のドリフトであり，スピン軸そのものが空間に対して傾いていくものではない．またこの種のジャイロにはジンバルのマスアンバランス，ベアリングの摩擦トルクなどに起因するドリフトがあり，これもスピン軸が空

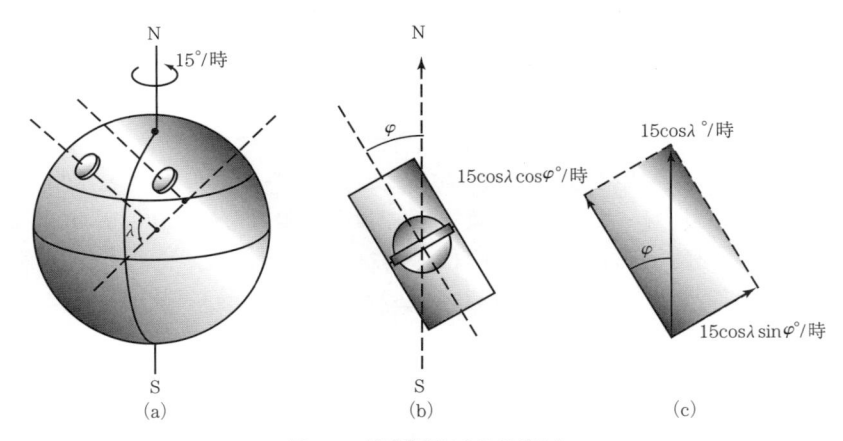

図6.22 地球自転によるドリフト

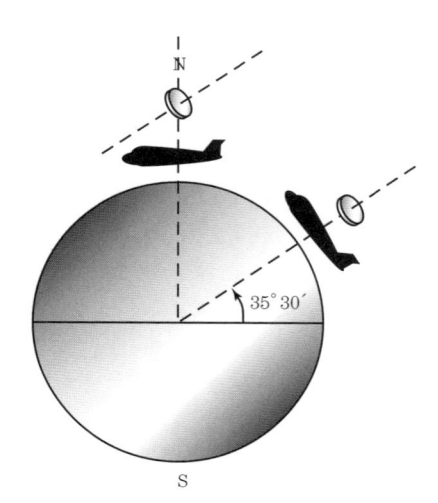

図6.23　移動によるドリフト

間に対して傾いていく要因となる．

（2）自立制御（起立機構）

バーチカルジャイロは地球の自転によるドリフト，移動によるドリフトおよびジャイロ固有のドリフトによりスピン軸が傾いてしまうので，スピン軸を常に地球の重力方向と一致するように制御されている．

この制御はジャイロが傾いた方向に直角な方向（スピンの回転方向と同一の90°進んだ方向）に力を加えると，プリセッションの原理（力がさらに90°進んだ方向に作用する．すなわち，傾いた方向の反対側に力が作用する）でジャイロが元の姿勢に戻るのを利用するものである．

このように，ジャイロのスピン軸を垂直の方向になるように制御することを，エレクションコントロールという．

① レベルスイッチによるエレクションコントロール

図6.24はレベルスイッチSにより内ジンバルの傾きを検出し，電動機（トルカなど）により外ジンバルにトルクを与え，プリセッションにより内ジンバル

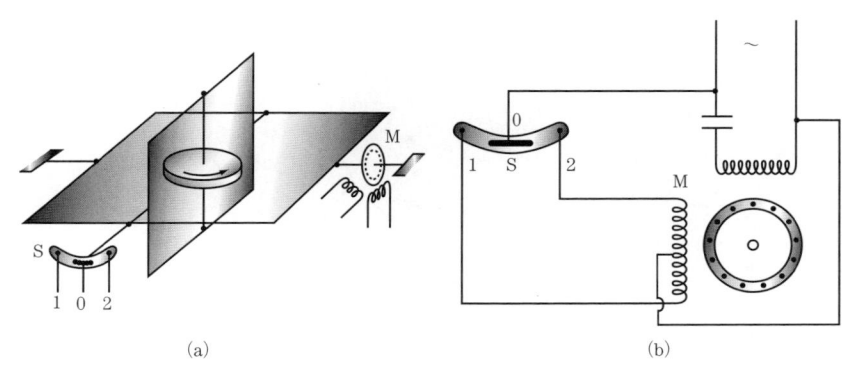

図6.24 レベルスイッチによる制御

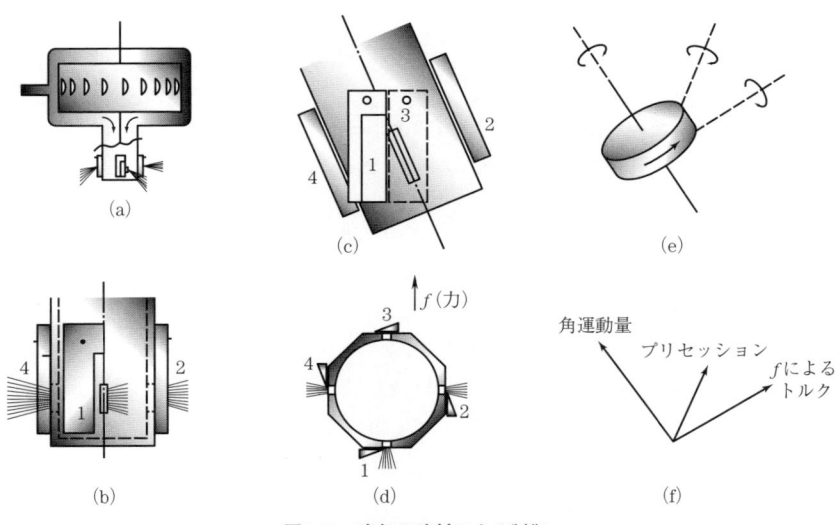

図6.25 空気の噴射による制御

の傾きを修正するものである.

　この方式は一定の値より多く傾くと傾き角の大きさには関係なく，一定のトルクを発生してスピンの傾きを修正するもので，ON-OFFによる制御となる.

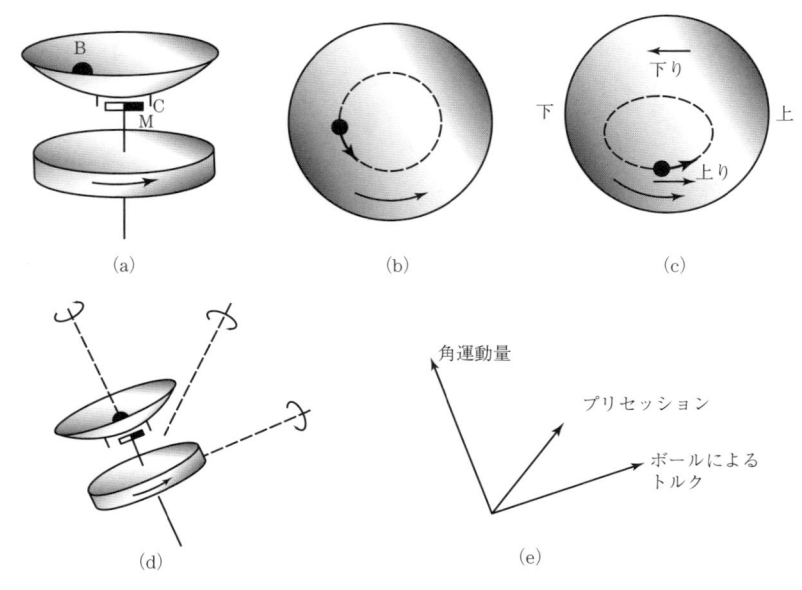

図6.26　ボールによる制御

この種のレベルスイッチには，水銀スイッチや電解液検出器などがある．
② 空気の噴射によるエレクションコントロール

この方式は，空気により駆動されているバーチカルジャイロに用いられる．図6.25 (a)に示すように，スピン軸の下部には(b)，(c)に示したような4個のノズルが付けられていて，ノズルの吹出し口は振子によって吹出し面積が変わるようになっている．

スピン軸が垂直な場合は，4個のノズルは同じ程度に振子により閉じられているので，噴射による力は相殺され，スピン軸を傾けるトルクは発生しない．しかし，スピン軸が傾くと傾く方向の側方にある振子の一方は吹出し口を閉じ，他方は吹出し口を全開にするので，噴射による力は不平衡になり，この力によるプリセッションでスピン軸は直立することになる．

③ ピンボールによるエレクションコントロール

スピン軸に取付けた永久磁石と，皿の底に取付けた非磁性金属カップに発生

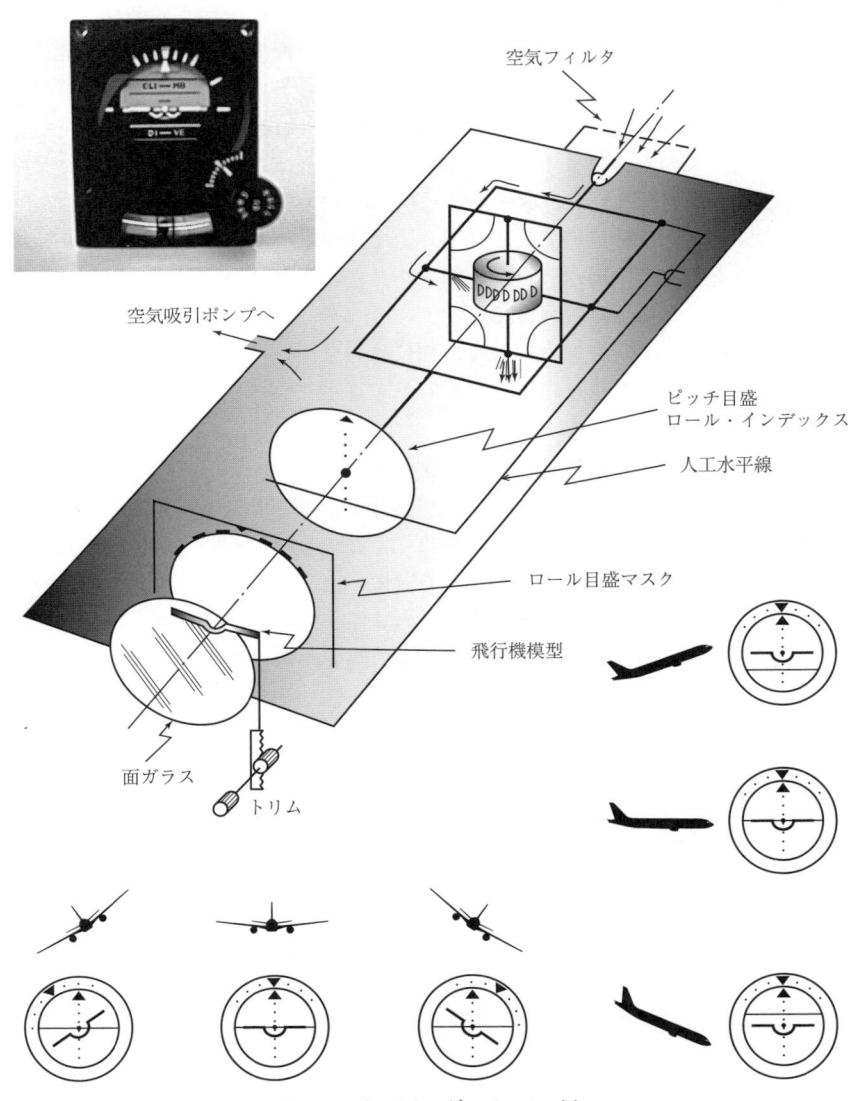

図6.27 バーチカルジャイロの一例

する渦電流により皿はゆっくり回転している．スピン軸が垂直であれば，皿の中のボールはスピン軸を中心として円形の軌道で回転する（ボールの円運動による遠心力と，皿の傾斜によるボールの転がり落ちる力が同じになる位置で半径が決まる）．したがって，ボールの滞在時間は回転軸を中心として対称になるので，ボールの重量によるトルクは何ら影響を及ぼさない．しかしスピン軸が傾くと皿も傾き，皿の中のボールは上り，下りの運動を繰り返すようになる．ボールの滞在時間は登り道で長く，下り道では短かい．したがって，ボールの重力によるトルクは平衡が破れ，このトルクによるプリセッションがスピン軸を垂直に戻すことになる（**図6.26**）．

上記のエレクションコントロールの他に磁石を用いたもの，マスアンバランスによる重心位置の変化を利用したものがある．

(3) バーチカルジャイロインジケータ

バーチカルジャイロのスピン軸はエレクションコントロールにより，常に地球の重力方向に一致するように制御されている．したがって，飛行機が傾いたときはスピン軸を基準に比較することで機体の傾きを知ることができる．バーチカルジャイロの外ジンバルと固定台との関係から，飛行機のロール軸に関する傾きがわかり，内ジンバルと外ジンバルの関係から飛行機のピッチに関する傾きがわかる．

バーチカルジャイロインジケータではロール軸，ピッチ軸の傾きをそのまま機械的に伝達して2インチや3インチの計器に表示するものと，その傾き角をポテンショメータやシンクロなどによって電気信号に変えて取出すものがあり，その一例を**図6.27**に示す．

6.5 計測装置への応用

6.5.1 応用される計測装置

ここで述べる計測装置は，つぎの諸元の計測に関わる装置である．
① 角速度：直交3軸（ω_x, ω_y, ω_z）
② 加速度：直交3軸（A_x, A_y, A_z）
③ 姿勢角：ピッチ角（$0\sim\pm90°$），ロール角（$\pm180°$）
④ 方位角：$0\sim360°$
⑤ 速　度：三次元（V_x, V_y, V_z）
⑥ 位　置：三次元（x, y, z）

上記すべての諸元が計測でき，何にでも使える寸法で価格的にも安価，そして高性能が得られるという条件を備えた装置は残念ながらまだ世に出ていない．汎用的な計測装置に対する要望は多いが，寸法，性能，諸元およびインターフェースという点で共通化ができにくいという状況である．したがって，個別の顧客に対応した計測装置が主流になっている．代表的なものを分類すると，つぎのような用途になる．

(1) 車両や各種航走体の特性評価

自動車のサスペンション，タイヤおよび荷重試験，航空機のフライト試験，誘導武器の試作評価試験，高速船の航走試験等々．

(2) 測　量

航空測量は，自然環境の保護，地図の作成などに関わるものであるが，この場合のジャイロの役割は航空機の姿勢方位および位置情報を提供するというものである．また，道路の路面地図の作成には車両が使われるので，その車両の

姿勢および位置計測にジャイロが使われている．

最近では，通常の測量では困難な場所を測量する方法として，慣性測量の研究が民間および大学で進められている．

(3) 管路の位置計測

石油や鉱石の資源開発，トンネル工事では，ドリルで穴を掘りながら管を接続して目標位置へ至達させる工法が用いられている．接続管の長さは300mから数千mに及ぶ場合がある．ここでのジャイロの役割は，プローブと呼ばれるジャイロを組み込んだ装置を管内へ挿入して走らせることによって，管の先端に付いているドリルの位置を求めるというものである．ドリルの位置情報を得て，ドリルに方向制御をかけることによって，目標位置に到達させることができる．

ユーザーからは，ドリルにジャイロを取付けて，掘削を行ないながらドリルを目標位置へ到達するよう制御したいという要望がある．この方法は，ドリル径が太いものでは可能であるが，一般に管径が100mm以下と細いこともあり，真方位を検出できるジャイロを組み込めるスペースがない．この要望に応えるためには，時間によって方位が変わらないもの，すなわちドリフトのないジャイロを使用することであるが，現実にはこのようなジャイロは存在しないので，ドリフトが小さいジャイロを用いてジャイロコンパスを使うことが答となる．ドリフトが小さい，高精度ジャイロの小型化という課題を残している．

(4) 3次元位置計測器

慣性を使った位置計測は便利であるが，計測時間が長くなれば大きな誤差要因となるので，ジャイロは使えないという認識が一般的であった．ミクロンオーダーの計測は無理であるが，ミリオーダーでは可能とする報告が出されている．これは，測定する点間の位置をジャイロドリフトを無視できるほどの短時間（1～2秒）で計測するという原理に基づいている．この動作を繰り返しながら，複数の位置を計測するというものである．

このような計測装置は，ジャイロシステムの歴史と同様にジンバル型からストラップダウン型に変わってきている．

以下では，代表的な計測装置をジンバル型およびストラップダウン型に分け

て述べる.

6.5.2 ジンバル型計測装置

車両などの運動データを計測する装置と,管路の位置計測をするボアホールサーベイシステムを紹介する.自動車の運動データを取得する代表的な例を,図6.28に示した.

(1) 運動計測装置
① 姿勢ジャイロを利用した装置
バーチカルジャイロないしはディレクショナルジャイロと信号変換器を内蔵した装置となっている(写真6.1).
▶ 計測機能:ロール角,ピッチ角,方位角
② 垂直安定加速度計
バーチカルジャイロは2軸のジンバル構造になっており,その水平安定ジンバル上に加速度計を搭載している.この加速度計が垂直軸の加速度を検出する

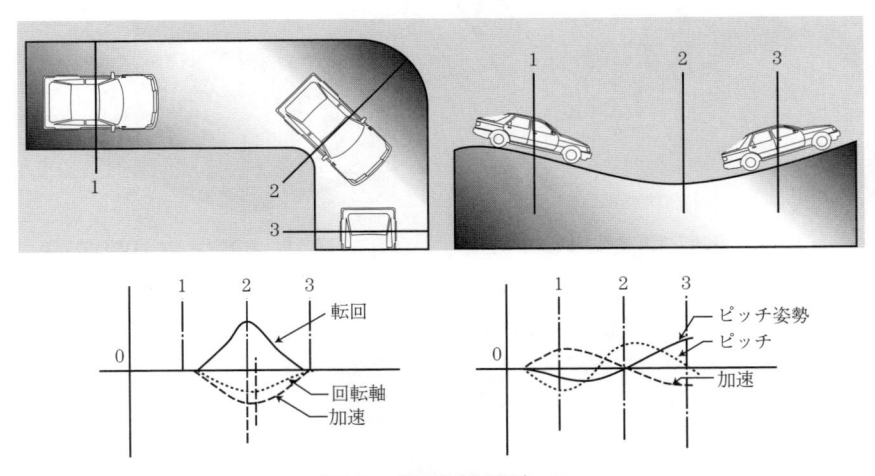

図6.28 自動車の運動データ

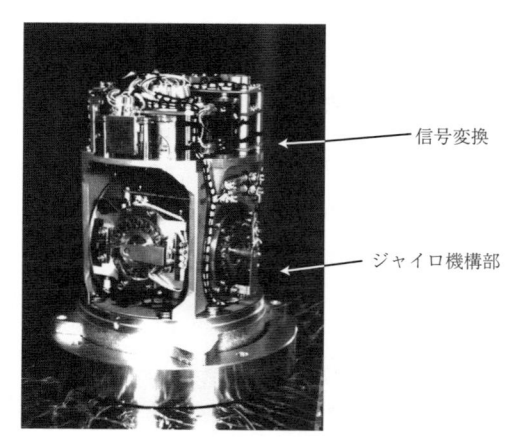

写真6.1　バーチカルジャイロ

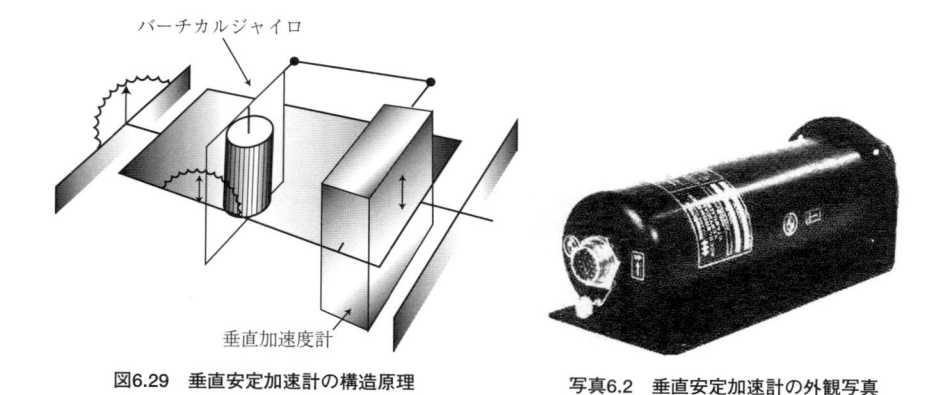

図6.29　垂直安定加速計の構造原理

写真6.2　垂直安定加速計の外観写真

ようになっている（**図6.29**，**写真6.2**）．
- ▶ 計測機能：ロール角，ピッチ角および垂直軸加速度
- ▶ 主な用途：船体の動揺および上下動位置検出

③　水平安定加速度計

バーチカルジャイロの水平安定ジンバル上に，水平加速度を検出する2台の

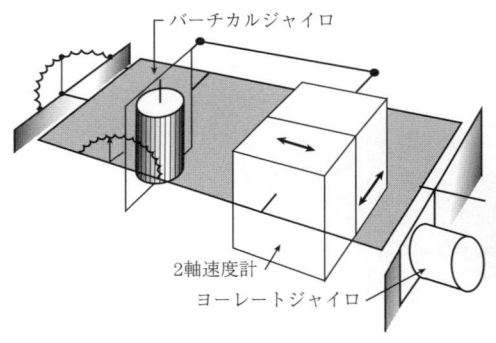

図6.30　水平安定加速計の構造原理

写真6.3　水平安定加速計の外観写真

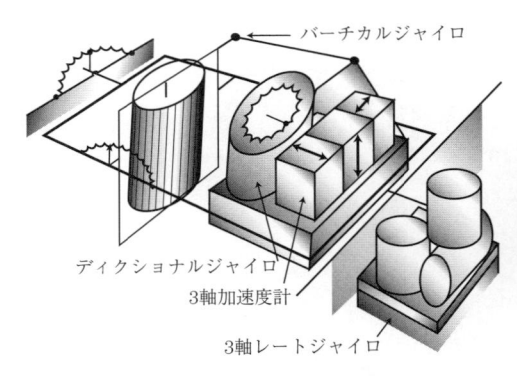

図6.31　3軸安定プラットホームの構造原理

写真6.4　3軸安定プラットホームの外観写真

加速度計を搭載した装置（**図6.30**，**写真6.3**）．
- ▶計測機能：ロール角，ピッチ角，水平直交2軸の加速度
- ▶主な用途：自動車の走行試験

④　3軸安定プラットホーム

バーチカルジャイロとディレクショナルジャイロから構成される安定プラットホーム，および安定プラットホーム上に搭載された3軸の加速度計．さらにレートジャイロを筐体の直交3軸に固定している（**図6.31**，**写真6.4**）．
- ▶計測機能：ロール角，ピッチ角，方位角

直交3軸加速度，直交3軸角速度
▶ 主な用途：自動車の走行試験，航空機のフライト試験

(2) ボアホールサーベイシステム

地中管の位置計測を目的として開発されているシステム．垂直孔用と水平孔用の2種類がある．「こま」の原理を使った2自由度のジャイロはジンバルロックという現象があるので，垂直，水平の共用ができるものがない．それを改善し，ジャイロプローブを管路の中で走らせて，管の位置を測るというものである（**図6.32**）．

① 水平孔用ボアホールサーベイシステム

1）位置計測原理

プローブに内蔵されたジャイロと，ピッチ傾斜系から方位角 ψ，ピッチ角 θ が出力される．管路内を走行するプローブはケーブルを引っ張っているので，ケーブルの長さ I が走行距離を示す．

一定距離ごとに ψ および θ を記録して，位置の増分 Δx_i, Δy_i, Δz_i を計算する（**図6.33**）．

$$\left. \begin{array}{l} \Delta x_i = \Delta I \sin \psi \\ \Delta y_i = \Delta I \sin \theta \\ \Delta z_i = \sqrt{\Delta I^2 - (\Delta x_i^2 + \Delta y_i^2)} \end{array} \right\} \quad (6.27)$$

ただし，$\cos \theta = 1$ と近似できる θ の場合としている．

$$\left. \begin{array}{l} x = \sum_{i=1}^{n} \Delta x_i \\ y = \sum_{i=1}^{n} \Delta y_i \\ z = \sum_{i=1}^{n} \Delta z_i \end{array} \right\} \quad (6.28)$$

2）プローブの構造

水平孔用プローブは，**図6.34**に示されているように水平検出器の信号でトルカを駆動して，ロール軸の水平安定台ができている．この安定台上に傾斜計とジャイロが搭載されている構造である．使用するジャイロは，方位を検出す

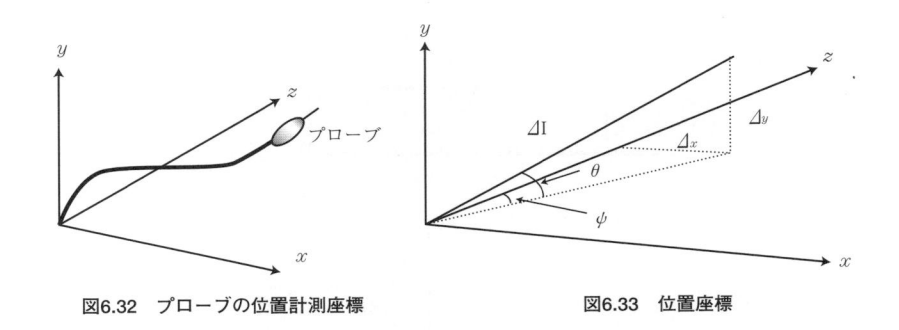

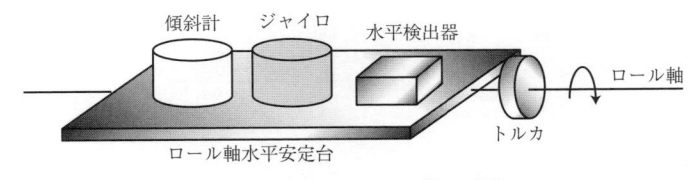

図6.32　プローブの位置計測座標

図6.33　位置座標

図6.34　ジャイロプローブの原理図

るディレクショナルジャイロである．

3) システム構成

ジャイロプローブ，ケーブルリール，ケーブル測長器，コントロールボックスおよびレコーダからなるシステムである．概念図を**図6.35**に示す．

4) 運用方法

水平用ボアツールサーベイシステムの利用事例を**図6.36**に示す．垂直の場合はプローブは重力で管の中を降ろせるが，水平の場合は重力を利用できないので，管内を走らせる工夫が必要になる．そのために，つぎの方法が用いられている．

- 水圧制御
- 空気圧制御
- ワイヤ（管路中にワイヤを通せる場合に限る）
- 自走式（モータで自走させる）

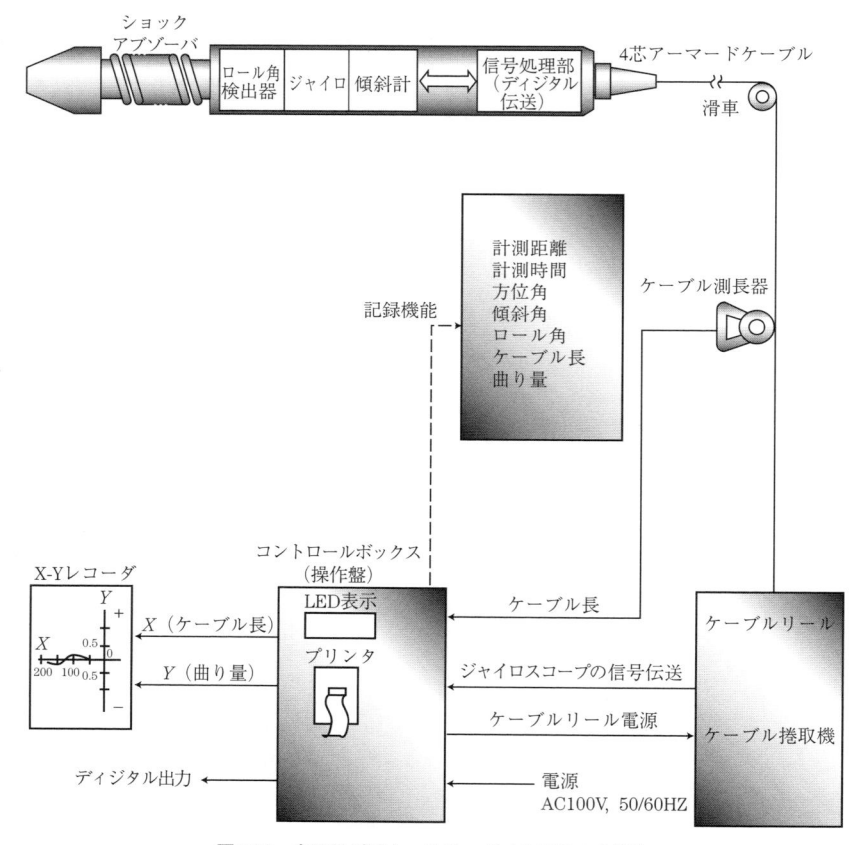

図6.35 水平用ボアホールサーベイシステムの概念

図6.34は，水圧で送り込む場合の一例である．

②　垂直孔用ボアホールサーベイシステム

1）位置計測の原理

プローブ内のディレクショナルジャイロが，方位基準座標 (x, y, z) を構築している．x 軸および y 軸まわりの傾斜角を求める目的で加速度計が x，y 軸

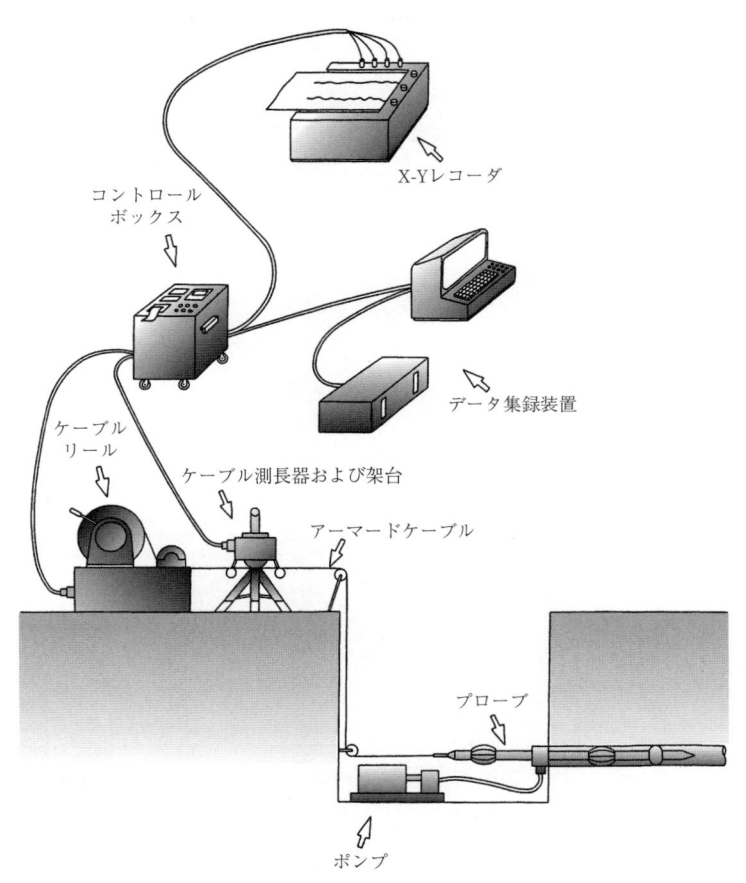

図6.36 水平用サーベイシステムの運用方法

に固定されている．たとえば，x軸を北に合わせたと仮定すると，y軸は東になる．プローブが管路の中で回転しても，ジャイロのx, y軸はそれぞれ北および東に固定されている．

したがって，x, y軸の加速度計は北および東軸まわりの傾斜角を常に計測するということになる．この状態を，**図6.37**の座標で示している．

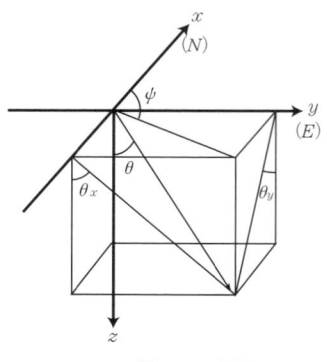

図6.37 座標

垂直孔の場合と同様に，つぎに式が成り立つ．

$$\left.\begin{array}{l}\Delta x_i = -\Delta z_i \tan\theta_y \\ \Delta y_i = \Delta z_i \tan\theta_x \\ \Delta z_i = \dfrac{\Delta I}{\sqrt{1+\tan^2\theta_x+\tan^2\theta_y}} \\ \theta = \cos^{-1}(\Delta z/\Delta I) \\ \psi = \tan^{-1}(y/x)\end{array}\right\} \quad (6.29)$$

$$\left.\begin{array}{l}x = \sum_{i=1}^{n}\Delta x_i \\ y = \sum_{i=1}^{n}\Delta y_i \\ z = \sum_{i=1}^{n}\Delta z_i\end{array}\right\} \quad (6.30)$$

2) プローブの構造

図6.38において，ジャイロの外ジンバル軸は方位軸である．この軸はプローブが回転しても動かない．この軸にx軸およびy軸の傾斜計が固定されている．したがって，傾斜計はプローブの傾斜を固定されたx軸およびy軸まわり

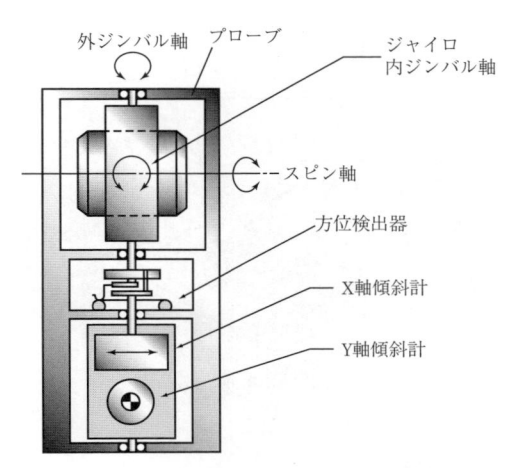

図6.38 ジャイロプローブの構造部

の成分 (θ_x, θ_y) で検出する構造となっている．

3) システム構成および運用方法

図6.39において，ジャイロプローブ，ケーブルリール，ケーブル計測器，コントロールボックス，サイトガンというシステム構成となっている．現場における運用の図であるが，装置の準備が終わり，電源を入れる．サイトガンでプローブの方向を北に設定した後に，ジャイロのジンバルをロックの状態からフリーにする（これをアンケージと呼ぶ）．その後，プローブは自重で管の中を降下していく．同時に，一定のケーブル長間隔でθ_x, θ_yのデータが地上に送られ，自動的に位置，最大傾斜角，最大傾斜方位を計算で求めるシステムとなっている．

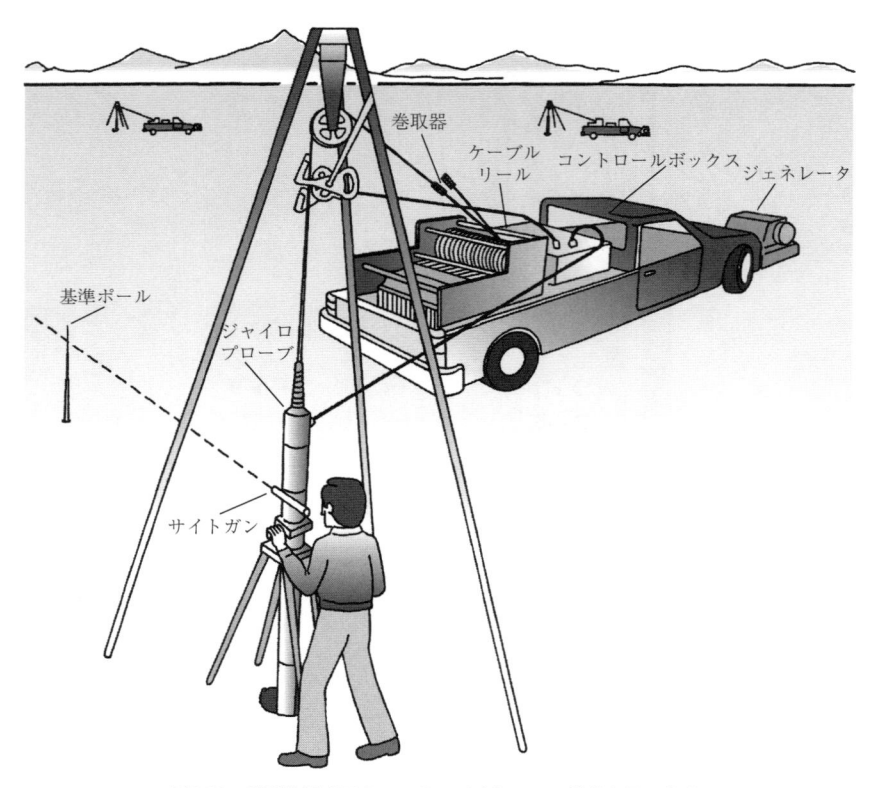

図6.39　垂直孔用ボアホールサーベイシステム構成と運用方法

6.6 空間安定装置／スタビライザへの応用

揺れているものを静止させようとする装置をスタビライザと呼び，また，揺れている船舶や航空機の中でも静止しているプラットホームを有する装置を空間安定装置と呼んでいる．いずれも，空間に対して静止した状態を築くためのものである．空間安定装置は，カメラを搭載すればカメラスタビライザと呼ばれる．

大きな「こま」の保持力を利用したものとして，古くは船舶のロールスタビライザ（**図6.40**）やモノレールのロールスタビライザ（**図6.41**）に使われたことがある．また，高層ビルの揺れ防止に使われた例もある．

最近では大きな「こま」に代わって，フィンスタビライザが大型客船の動揺安定に使用されている．フィンスタビライザには船体の動揺を検知するジャイロが組み込まれている．揺れない状態はジャイロ信号が"0"であるから，フィンを最適に制御することによって船体を静止させ，ジャイロ信号を"0"にするという制御原理となっている．

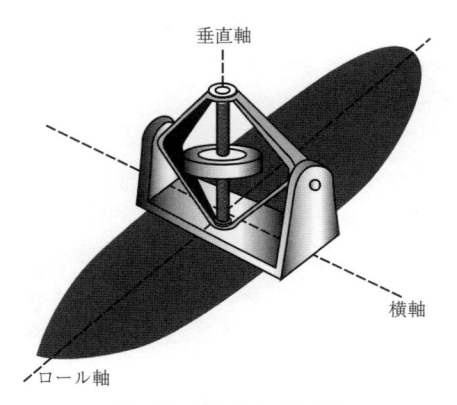

図6.40 船のスタビライザ

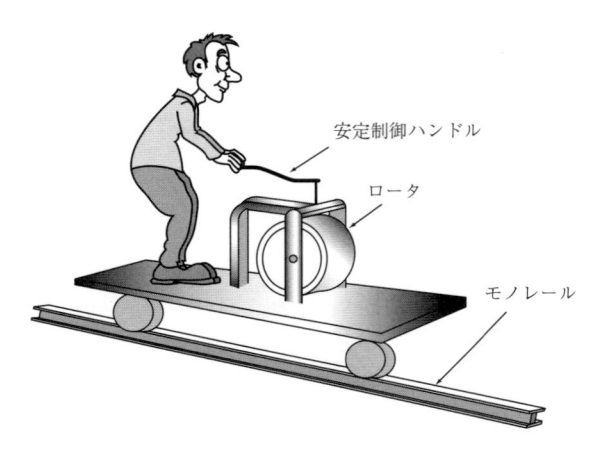

図6.41 モノレール上のスタビライザ

6.6.1 空間安定装置の原理

　ここで述べる空間安定装置はジンバルマウント方式と呼ばれるもので，安定したプラットホーム上にジャイロが搭載されている．そのジャイロは，一般に角速度を検出するレートジャイロが使われる．角度検出ジャイロでも可能である．

　安定プラットホームは1軸，2軸および3軸のジンバルから構成されたものがある．ここでは，1軸ジンバルからなるプラットホームの原理を図6.42に示した．プラットホーム面には，カメラないしは安定させる機器が搭載される設計となっている．

　この図における空間安定とは，機体取付台が動いてもプラットホーム面は静止している状態をいう．プラットホームの慣性が非常に大きければそれ自身で安定できるが，実際はプラットホームを支える軸受の摩擦，空気の粘性摩擦，アンバランストルクなどの作用でプラットホームの面は動いてしまう．そこで，この動きをジャイロで検出する．検出された信号は，制御回路を通り，ジャイロ信号が"0"となるようにトルカを動かすという原理になっている．プラットホームの精度を上げる工夫は制御回路のシステム設計も重要であるが，基本

はプラットホームに作用する摩擦，アンバランストルクなどの外力を減らすことである．

6.6.2 ブロック図

図6.42の原理図の機構的な動きを，ラプラス演算子を用いて図6.43のブロック図に示した．

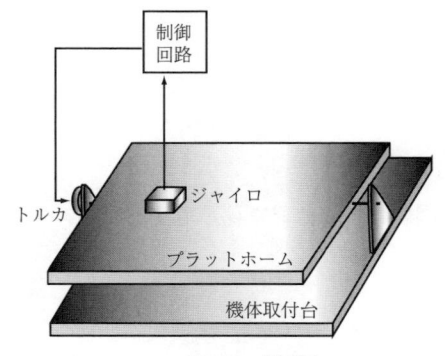

図6.42　原理図

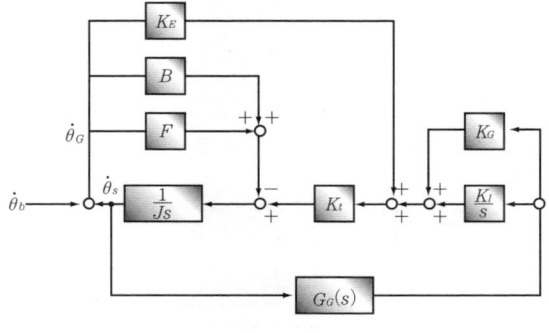

図6.43　ブロック図

$$\dot{\theta}_b = \dot{\theta}_G + \dot{\theta}_s \quad \cdots\cdots\cdots\cdots\cdots\cdots\cdots\cdots\cdots\cdots\cdots\cdots\cdots\cdots\cdots\cdots\cdots\cdots\cdots\cdots\cdots\cdots\cdots\cdots\cdots\cdots \quad (6.31)$$

$\dot{\theta}_b$：取付台の角速度
$\dot{\theta}_G$：プラットホームと取付台の相対角速度
$\dot{\theta}_S$：プラットホームの角速度
J：プラットホームの慣性モーメント
B：プラットホームの粘性摩擦
K_t：トルカトルク定数
K_E：トルカ逆起電力
F：プラットホーム摩擦トルク
K_I：積分定数
K_G：アンプゲイン
$G_G(s)$：レートジャイロの伝達関数
s：ラプラス演算子

　図6.43のブロック図の粘性係数および摩擦を省略してブロック図を整理すると，つぎのようになる．

6.6.3　伝達関数

図6.44ブロック図を展開して伝達関数を求めると，つぎのようになる．

$$\frac{\dot{\theta}_s}{\dot{\theta}_b} = \frac{\dfrac{K_E}{G_G(s)K_I}s}{\dfrac{J}{G_G(s)K_IK_T}s^2 + \dfrac{K_E + G_GK_G}{G_G(s)K_I}s + 1} \quad \cdots\cdots\cdots\cdots\cdots\cdots\cdots \quad (6.32)$$

ジャイロの伝達関数$G_G(s) = 1$の特性のときは，次式となる．

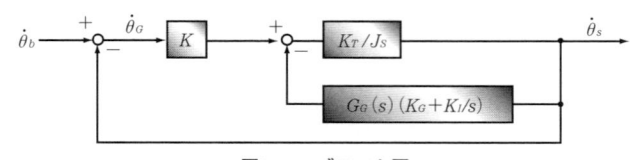

図6.44　ブロック図

$$\frac{\dot{\theta}_s}{\dot{\theta}_b} = \frac{\frac{K_E}{K_I}s}{\frac{J}{K_1 K_T}s^2 + \frac{K_E + K_G}{K_1}s + 1}$$

$$\doteq \frac{\frac{K_E}{K_I}s}{\left(\frac{S}{\omega_n}\right)^2 + 2\eta\left(\frac{S}{\omega_n}\right) + 1} \quad \cdots\cdots (6.33)$$

ここで,

$$\omega_n = \sqrt{\frac{K_T K_1}{J}} \qquad \eta = \frac{(K_E + K_G)}{2}\sqrt{\frac{K_T}{JK_1}}$$

(6.33) 式は，機体軸の動揺周波数をパラメータとしたときに，プラットホームの安定精度を表している．すなわち，$\dot{\theta}_s$ は小さいほど良いということになる．プラットホームの固有振動数と安定精度の関係を知るために，(6.33) 式の伝達関数に $S=J\omega$, $\eta=0.5$ を代入して，デシベル値 g を求めると次式になる．

$$g = 20\log\frac{K_E}{K_I} + 20\log\omega - 20\log\sqrt{[1-(\frac{\omega}{\omega_n})^2]^2 - (\frac{\omega}{\omega_n})^2} \quad \cdots (6.34)$$

(6.34) 式において，$\omega_n = 10$ および $\omega_n = 0.1$ としたときに，周波数に関わる項をボード線図で**図6.45**に示した．

プラットホームの安定精度は，このボード線図からつぎのことがわかる．

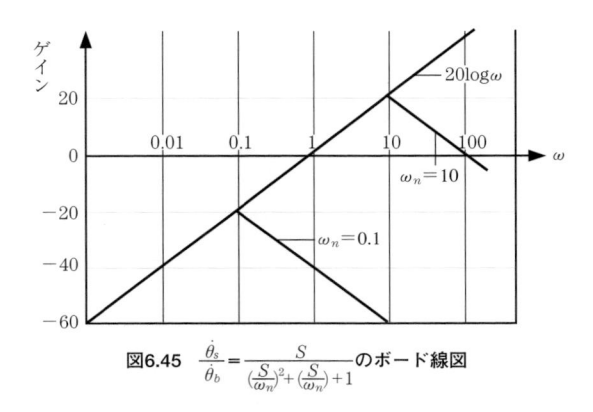

図6.45 $\dfrac{\dot{\theta}_s}{\dot{\theta}_b} = \dfrac{S}{(\frac{S}{\omega_n})^2 + (\frac{S}{\omega_n}) + 1}$ のボード線図

- ω_nが小さいほど安定精度が良くなる．
- ω_nを小さくするにはプラットホームの慣性を大きく，そしてトルク定数を小さくすることによって効果が生まれる．
- ボード線図には示さなかったが（6.34）式からトルカの逆起電力K_Eは小さいほど良い．

6.7 追尾装置への応用

6.7.1 追尾装置の原理および構造

追尾装置は，空間安定を応用した装置の一種である．追尾装置の構造は，**図6.46**に示したようにアジマス（AZ）ジンバルとエレベーション（EL）ジンバルで構成されたものが多い．図の場合について述べると，内側のELジンバルに，目標を検知するセンサが載っている．このセンサ面に直交して目標と結ぶ軸を，LOS（Line Of Sight）軸と呼んでいる．LOS軸まわりに回転してもLOS軸の方向は変わらないので，目標がLOS軸からはずれることはない．したがって，LOS軸の回転を安定させる第3番目のジンバルはいらないという理由が，ここにある．

この装置では空間安定の原理を，つぎのように生かしている．LOS軸と直交する面上に，2軸の角速度が直交して測れるようにELジンバルにジャイロが載せてある（**図6.47**）．このことはLOS軸と直交する2軸の角速度がゼロであれば，LOS軸は空間に安定しているということになる．この原理を達成させるために，2軸の角速度がゼロになるようにELジンバルおよびAZジンバルをジャイロ信

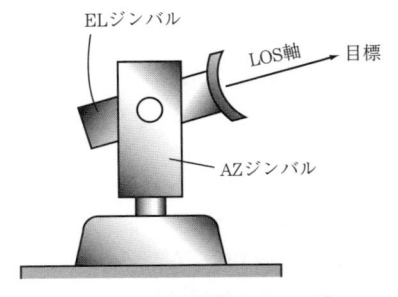

図6.46　追尾装置のイメージ

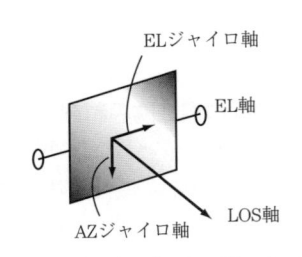

図6.47　ELジンバル上のジャイロ軸

号でサーボ制御している．この制御によってLOS軸は空間に安定し，静止という状態が得られる．ジャイロの役割は，ここまでである．つぎに目標が慣性基準に対して動き出すと，LOS軸は目標からはずれてしまうことになる．これを補うのが追尾である．追尾はジンバルに載った目標探知センサの信号で，AZおよびELジンバルを制御して目標をはずさないように追いかける動作である．

このように，追尾装置は各種航走体の速い角度運動をジャイロで安定した基準に構築し，その基準上で目標の動きを目標探知センサで検知し，その信号を使って目標を追尾するという装置である．目標探知センサは一般に周波数応答特性が低く，速い動揺に対しては十分な効果が得られないという特性があるので，ジャイロが使われる理由になっている．

6.7.2　目標探知センサ

赤外線（IR）センサ，ミリ波，マイクロ波，TVセンサ，音響センサなどが目標探知センサとして使われている．

6.7.3　誘導弾の目標追尾

車両および船舶搭載アンテナによる衛星追尾，気象観測船搭載アンテナによる気象観測ゾンデを追尾，誘導弾の目標追尾，海中航走体の目標追尾などへの応用に，追尾装置が使われている．

誘導弾の追尾装置は量的にも最も多く使われているので，代表的な応用例として誘導弾に使われる追尾装置について述べる．誘導弾の慣性誘導制御と呼ばれる制御の一部として，追尾装置が使われている．

（1）　誘導弾の慣性誘導制御

誘導弾は地上，洋上および空から発射されるが，飛翔を続けて目標に命中するように誘導される．慣性航法は誘導弾の全飛翔行程の中で中間誘導と呼ばれる範囲で用いられ，誘導弾を目標近くまで誘導する役割をもち，その後は目標を探知したシーカへと役割が移る．誘導弾にはシーカと呼ばれる追尾装置が目

図6.48　誘導弾のイメージ図

図6.49　慣性誘導制御方式の概要ブロック図

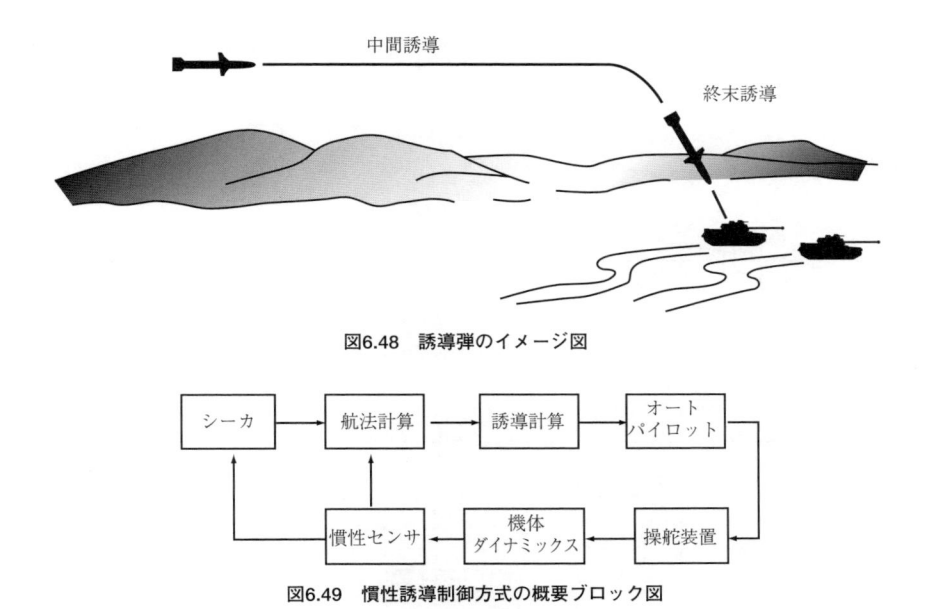

標を探知して追尾しながら，シーカの誘導信号で誘導弾を精密に目標へ誘導する制御機能がある．誘導弾が目標に誘導されるイメージを図6.48に示した．また，誘導弾の慣性誘導制御方式の概要を，ブロック図で図6.49に示した．

(2) シーカの制御

　追尾装置としてのシーカは，誘導弾の頭部にあるシーカヘッドと呼ばれる場所に配置されており，その様子を図6.50に示す．シーカはAZジンバル，ELジンバルおよび目標探知センサから構成されている．ジャイロの取付位置は，内側のジンバルないしは機体に固定という方法がある．ここではジンバルマウント方式と呼ばれる方法を使い，ジャイロはジンバルに載せられている．
　シーカ制御はジャイロを使った慣性基準で制御されている．そこで，慣性を基準とした機体軸，目標軸，シーカ軸の関係を図6.51に示す．ここで使う記号は，以下に示す．

図6.50 シーカヘッド

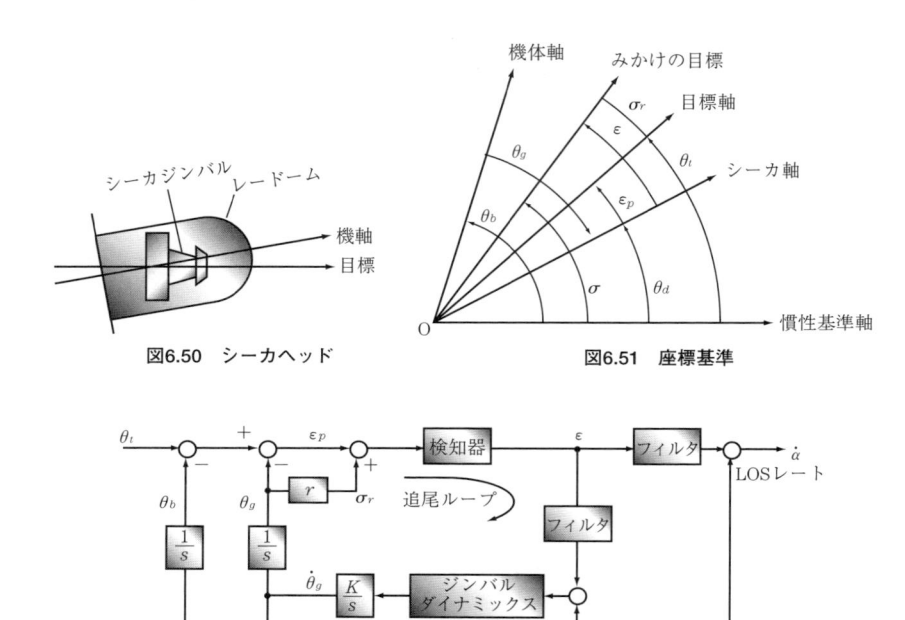

図6.51 座標基準

図6.52 シーカジンバル制御ループ

θ_b＝機体軸角度　　θ_g＝シーカジンバル角度　　θ_d＝シーカ軸角度
θ_t＝真の目標軸角度　　ε_p＝目標軸からのシーカ軸誤差角　　ε＝追尾角誤差
σ_r＝レードームの屈折誤差角　　σ＝LOS角（計測）

$\sigma = \varepsilon + \theta_d$

$\varepsilon = \sigma_r + \varepsilon_p$

$\theta_b = \theta_g + \theta_d$

シーカは，ジンバルに載ったジャイロが角速度を検知してシーカジンバルを安定させる制御ループと，目標を検知してジンバルを目標に追尾させる制御ループから構成されている．この様子をブロック図で示すと，**図6.52**のようになる．

参考文献

(1) Pitman, G. R. Jr. (ed.)：*International Guidance*, *Wiley*, New York, 1962.
(2) Siouris, G. M.：International Navigation, Encyclopedia of physical Science and Technology, Vol.8, Academic Press, San Diego, 1987, pp.668-717.
(3) Siouris, G. M.：Aerospace Avionic Systems, Academic Press, San Diego, 1993
(4) Kayton , M.：Fried, W. R.(eds)：Avionics Systems, Academic Navigation Systems, Wiley, NewYork, 1969
(5) Lin, C. F.：Modern Navigation, Guidance, and Control Processing, Prentice-Hall, Englewood Cliffs, N. J.,1991
(6) Britting, K. R：Intertial Navigation Systems Analysis, New York, Wiley-Interscience, 1971
(7) Broxmeyer, C：Intertial Navigation Systems. New York, McGraw-Hill, 1964
(8) 岡田実：航空機の自立航法装置，コロナ社，昭和47年
(9) 小林實：コンパスとジャイロの理論と実験，海文堂出版，昭和46年
(10) 横井錬三：航空計器，地人書館，昭和54年

地球の重力加速度：g

加速度の基準値として用いられる局所重力の大きさ．多くの場合，gの標準値

$$g_n = 9.80665 \text{m}/\text{s}^2$$

が用いられる．

記号gは，活字体で書かれるグラムを表すgと区別するために，イタリック体で書かれる．

第7章
新しい技術とジャイロ

7.1 マイクロマシニング技術と慣性センサ

　ジャイロが走行体の運動計測，姿勢制御などに用いられてきたことは，前章までで説明した．従来の慣性航法に使用される1セット数百万円から数千万円の高精度システムでは宇宙規模の旅行をするほどの精度が得られるが，市販されている1個数百円から数千円の加速度計やジャイロでは町内を1周するといった慣性航法への適用もままならないほど精度は低い．高精度システムのような，慣性センサ＝慣性航法という図式は成り立たないが，その代わり航法以外の用途が考えられ，最近では乗用車や一般家電製品に加速度計やジャイロが導入されるようになり，身近なものになりつつある．それは，量産性があり低価格で小型な慣性センサが開発されているためである．

　これらのセンサの開発における技術の中心は，シリコンマイクロマシニング技術（MEMS（Micro Electro Mechanical System－メムス）技術とも呼ぶ）といえる．この技術は，

- エッチングやリソグラフィなどのバッチプロセスで作るため，組立や調整が不要である ——— 低価格化
- 電子回路とセンサを集積化したシステムを1つのシリコン基板の上に実現できる ——— 小型化，集積化
- 小型化で，従来の機械やロボットの使用が不可能だった狭い場所や環境でも使用できる

など，特徴が数多くある．

　シリコンを中心としたマイクロマシニング技術は，集積回路技術をベースにこの20年間発展を続けている技術であり，周辺回路とセンサを一体形成（1チップに集積化）できる可能性をもっている．現在，集積化された加速度センサや圧力センサ，磁気センサなどが市場に溢れてきた．そのため，今日の慣性センサへの多くの取組みはマイクロマシニング，特に材料にシリコンを用いたも

のが多くなってきている．

図7.1に集積化された加速度計の構造を示す．従来のジャイロ・加速度計の製造には，精密加工を要する部品と，熟練された技術による組立・調整が必要であったことに比べると，このようなマイクロマシニング技術による製造は，構造・製造方法がまったく異なるものになる．

集積化された加速度センサの例を**図7.2**に示す．これらのセンサは，エアバックの普及により生産量が劇的に増え，マイクロマシニングの有用性の認識を高めるものになった．

一方，角速度センサでは，安価な振動ジャイロがホームビデオカメラの手ぶれ防止に使用され有名になった．これは金属加工と圧電素子の組合せによるものであるが，シリコンマイクロマシニングを用いたものには，最終的に小型化・低価格化という点ではかなわないと思われる．しかし，シリコンマイクロ

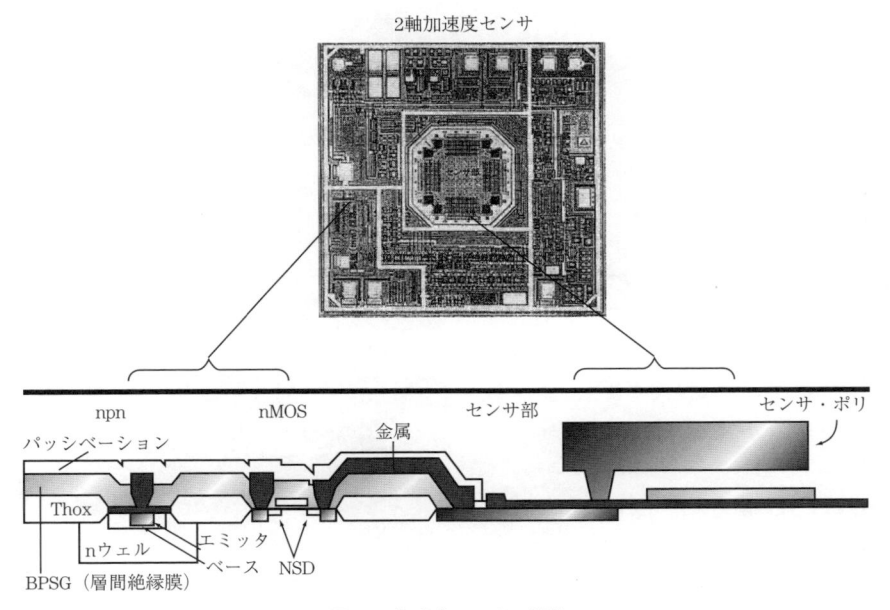

図7.1 加速度センサの構造

マシニングによる角速度の検出は困難な点が多く，最初の論文発表から10年以上経つが市販されているものは少ないのが実情である．しかし，乗用車では横滑り防止，サイドエアバック作動のための横転検出に角速度の検出が必要であるとの観点から，多くのメーカが開発に乗り出している．**図7.3**にシリコン振動型の角速度センサの例を示す．

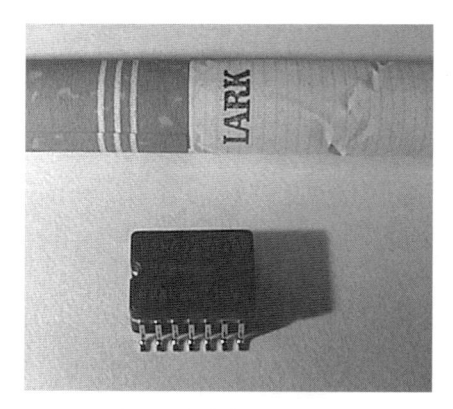

図7.2　加速度センサの例

魚雷用コースジャイロ

スプリングの発動を使ったフリージャイロの一種で，「こま」を短時間に立ち上げられる特性と小型化できる利点で，短魚雷用の方向制御を目的として長期にわたり使用されたジャイロ．

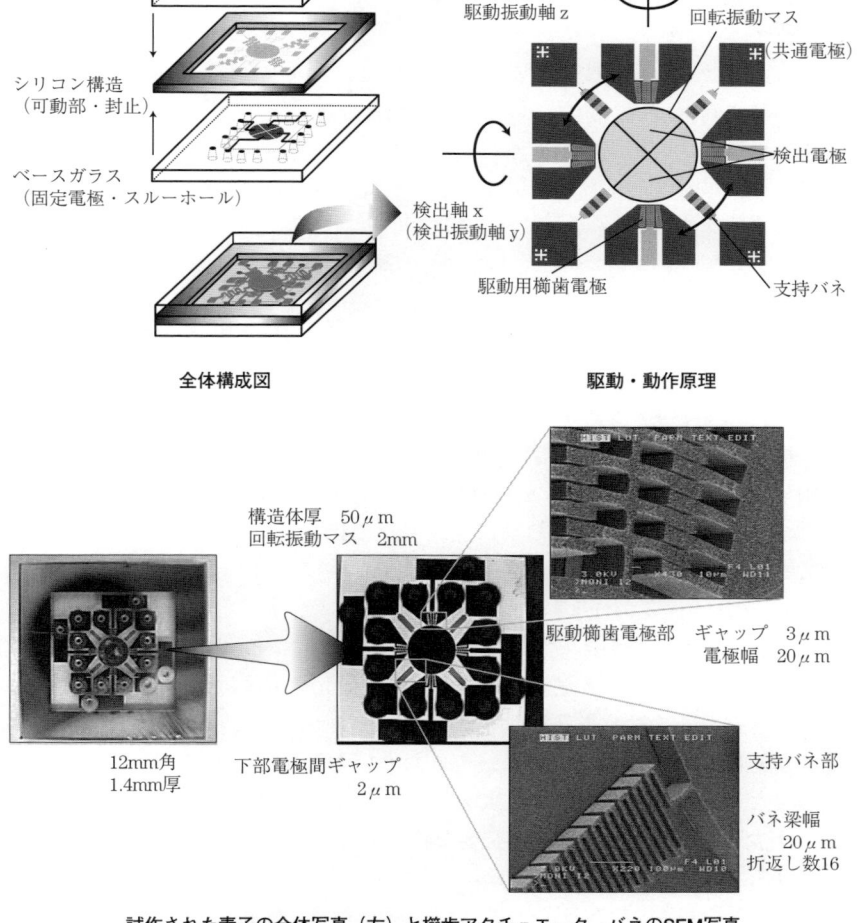

7.1 マイクロマシニング技術と慣性センサ

全体構成図

- カバーガラス
- シリコン構造（可動部・封止）
- ベースガラス（固定電極・スルーホール）

駆動・動作原理

- 駆動振動軸 z
- 検出軸 y（検出振動軸 x）
- 回転振動マス
- （共通電極）
- 検出電極
- 検出軸 x（検出振動軸 y）
- 駆動用櫛歯電極
- 支持バネ

12mm角
1.4mm厚

構造体厚 50μm
回転振動マス 2mm

駆動櫛歯電極部　ギャップ 3μm
　　　　　　　　電極幅 20μm

下部電極間ギャップ 2μm

支持バネ部
バネ梁幅 20μm
折返し数 16

試作された素子の全体写真（左）と櫛歯アクチュエータ，バネのSEM写真

図7.3　角速度センサの例

7.2 応用の広がりと将来

　シリコンマイクロマシニングによる慣性センサは小型化・低価格化が進んでおり，特に角速度センサについては低価格となることで，従来は使用されていなかった製品への応用の可能性が出てくる．その場合は，あまり精度や分解能のことは気にせず，手軽に使用できることに主眼がおかれる．

　このような観点からは，たとえば自動車で応用を想定すると，エアバックの作動用，ナビゲーションでのGPS非作動時の補完，横滑り防止機構用など，現在使用されつつあるものはいうに及ばず，悪路でのヘッドライトの上下動の補正，減速時にワーニング用としてブレーキランプを点灯させるなどのアイデアが出てくる．また，身の回りでは，コンピュータゲームの端末としてマウス／ジョイスティック，ヘッドマウントディスプレイをはじめとしたVR（バーチャルリアリティ）機器，移動体用の指向性アンテナやカメラなどの姿勢制御，医療分野などに使用するなどの応用のアイデアが提案され，実現に向かって取り組まれている．

　これらの製品は，おおざっぱに加速度計で1mG，角速度センサで0.1°／秒程度の分解能で使用できるため，現在はこのレベルを1つの目標としてセンサ（デバイス）の開発が行なわれている．

　現在，開発されつつあるシリコンマイクロマシニングによる慣性センサの精度，安定性は今のところ従来の慣性センサの足元にも及ばず，従来の慣性センサに置き換わるのは，当分無理でないかと思われるが，身の回りの製品にどんどん組込み得る性能と価格になってきたといえる．加速度センサに関しては，現在ひととおりの開発がすんだ状況といえるが，角速度センサに関しては，まだもう少し基本的特性の向上が必要な状況である．

　しかし，これらは年々確実に進歩しており，身近なシステムに慣性センサが組み込まれ，より高度なものになっていくのは，時間の問題といえるであろう．

参考文献

(1) 超小型・ローコストのMEMS加速度センサを開発，Hervey Weinberg，Design Wave Magazine, 2000, oct.

第8章

Q&A方式による基礎講座

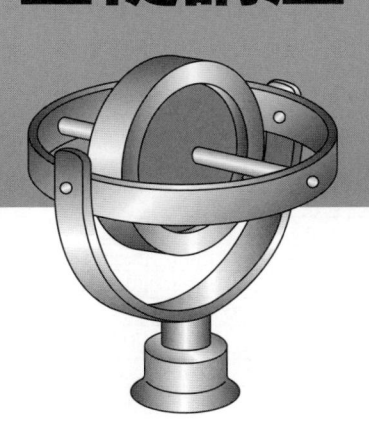

8.1 ジャイロ技術Q&A（基礎編）

Q.1 角速度，加速度とは？

A 角速度とは，物の回転する速度で，「deg/s」，「deg/hr」などの単位で表わされる．「deg/s」と「deg/hr」の明確な使い分けはないが，前者は1秒当り，後者は1時間当りに変位する角度を表す．つまり，1deg/s=3,600deg/hrで換算することができる．

この他，「°/s」や「°/h」などで記載される場合もある．また，角度をラジアンで表現し，「rad/s」，「rad/h」なども用いられたりする．

角速度を積分すると角度，微分すると角加速度が得られる．

一方，（直線）加速度は「G」や「m/s^2」，稀に「ft/s^2」などで表される．

直線加速度を積分すると速度，さらに速度を積分すると距離が得られる（**表8.1**）．

表8.1 角速度と加速度の単位換算表

角速度			
deg/hr（°/h）	deg/s（°/s）	rad/h	rad/s
1	0.000277778	0.017453293	4.84814E-06
3,600	1	62.83185307	0.017453293
57.29577951	0.015915494	1	0.000277778
206264.8062	57.29577951	3,600	1

加速度		
G	m/s^2	ft/s^2
1	9.80665	32.17404959
0.101971621	1	3.28084
0.031080949	0.30479999	1

Q.2 ジャイロの信号を広い範囲で計測(利用)するときの留意点は?

A アナログセンサの場合,100dBのダイナミックレンジをもつジャイロであるとすると,最大で10Vまで出力するセンサは,100μV程度まで精度良く計測する必要がある.

このため,ジャイロ出力を扱う回路のノイズ,電圧ドロップに対する注意が必要である.とりわけ,GNDに対する配慮が必要である.電線の抵抗値はゼロではないので,出力信号の電線はできるだけ短くするか,電流をなるべく流さないようにして,信号線での電圧降下を抑えなければならない.具体的には電源用の電流が流れるGNDラインと,計測用の電流が流れないGNDラインを分ける方法がよく用いられる(**図8.1**).

また,シールド線を用いるなどの配慮も必要である.

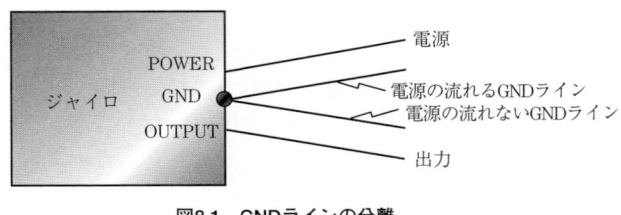

図8.1 GNDラインの分離

Q.3 センサの向きと出力電圧(正負)の関係は?

A 一般的にジャイロの場合,入力軸方向を見て時計回り(CW; Clock Wize)で正極性,反時計回り(CCW; Counter Clock Wize)で負極性の出力となる.加速度計の場合,入力軸方向に向かって前進したときに正極性,後退したときに負極性の信号が出る.つまり,入力軸を重力方向に向けたときは,-1Gの信号が出力される.

Q.4 バイアス，オフセット，ドリフト，バイアス安定性の明確な使い分けは？

A バイアスとは，入力角速度（加速度計の場合は入力加速度）がないときの出力を意味し，オフセットとは使用を始めるときのバイアスを意味する．

バイアスとドリフトとは同じものを意味するが，ジャイロではドリフト，加速度計ではバイアスとする表現が多く用いられる．

安定性とは，同一条件でバイアス（ドリフト）が異なるものについて定義され，インラン，ショートターム，Day to Day という定め方がある．

バイアスは，稀に，ヌル（Null）とも呼ばれている．

Q.5 直線性の「%FS」およびスケールファクタ誤差の「ppm(%)」の定義の違いは？

A ジャイロの直線性は「%FS」で記述される．決められたスケールファクタに対して入力角速度を変えたときに，その感度の直線からどの程度はずれているかを意味する．たとえば直線性が±1%FSで，検出範囲を±100deg/s（フルスケール200deg/s）とすると，任意の角速度では，スケールファクタと角速度を乗じた値が±2deg/sの誤差の幅をもった範囲内に，バラツクことを示す（図8.2）．

また，スケールファクタ誤差とは，入力角速度に対しての出力傾度（つまりスケールファクタ）が変動することを意味する．スケールファクタを0.1V／deg/s，スケールファクタ誤差を±1%とすると，＋100deg/sの角速度が入力されたとき，出力は10V±1%，つまり＋9.9〜10.1Vの範囲であることを示す．

具体的に上記の2つのエラーを合成すると，＋100deg/s入力時に実際に測定される出力電圧は，以下の範囲内となる（バイアス除く）．

$$9.9\text{V} \pm 0.2\text{deg/s} \sim 10.1\text{V} \pm 0.2\text{deg/s}$$
$$= 9.9 \pm (2 \times \frac{9.9}{100})\text{V} \sim 10.1 \pm (2 \times \frac{10.1}{100})\text{V}$$
$$= 9.7\text{V} \sim 10.3\text{V}$$

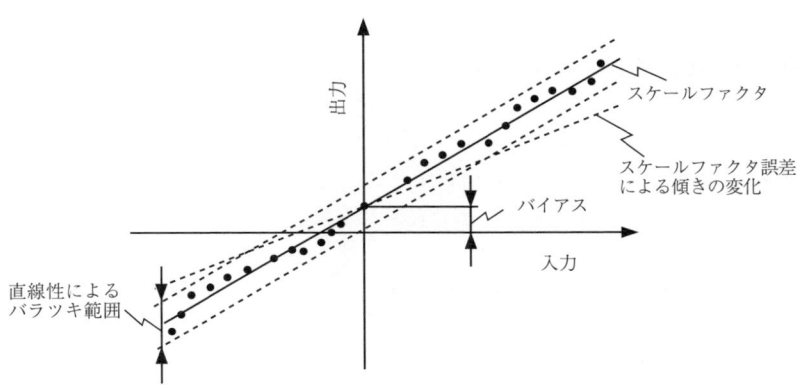

図8.2 直線性，スケールファクタエラーの定義

Q.6 ノイズの単位「deg/hr/√Hz」の意味は？

A ノイズが，測定周波数帯域によって変わることを意味する．たとえば，ノイズが10deg/hr/√Hz(rms)で表されたとすると，周波数帯域1,000Hzでは10deg/hr／$\sqrt{1,000}$=316deg/hr(rms)のノイズが観測され，1Hzでは10deg/hr(rms)のノイズが観測されることになる（**図8.3**）．

ホワイトノイズ(後述)では，測定周波数帯域を狭めることでノイズが低減され，分解能を上げることができる（ただし，限度がある）．

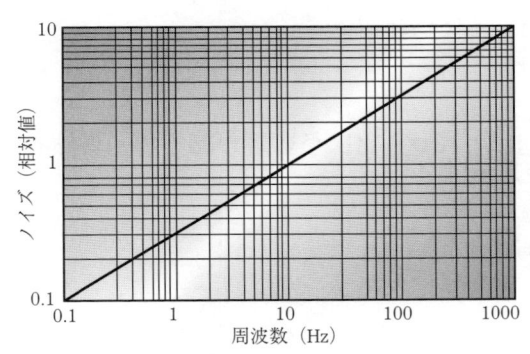

図8.3 周波数帯域とホワイトノイズの関係

Q.7 ホワイトノイズとは？

A 特定な周波数成分をもたないノイズのことをいう．このようなノイズは，周波数帯域の平方根で除して規格化することで，一定値として表すことができる．たとえば，「deg/hr/$\sqrt{\text{Hz}}$」などで表される．

Q.8 分解能とノイズの関係は？

A 入力角速度を最小に向けて徐々に下げていくと，スケールファクタ（感度）が下がるところがある．この感度が50％になったときの入力角速度を，分解能と定義している．このとき，ノイズに埋もれて出力の変動が読み取れない場合は，測定の周波数帯域を落として測定をする．

Q.9 ランダムウォークの定義「deg/$\sqrt{\text{hr}}$」の意味とその測定方法は？

A 角速度のホワイトノイズを「deg/hr/$\sqrt{\text{Hz}}$」として表すのに対し，角度のホワイトノイズを「deg/$\sqrt{\text{hr}}$」で表し，ランダムウォークという．
　角速度を積分して角度を求める場合，角度と角速度のには，
$$1\,\text{deg}/\sqrt{\text{hr}} = 60\,\text{deg/hr}/\sqrt{\text{Hz}}$$
の関係が成り立つ．

Q.10 「1σ」や「3σ」という表現があるが，具体的定義や測定方法は？

A ジャイロの場合「1σ」という表現がよく使われる．これはセンサの出力がノイズにより，測定値がバラツク（**図8.4**）からである．
　また，このバラツキはランダムであるので統計的な処理を施す．測定は複数回または複数個の測定を行なって，標準偏差（σ）として表す．

1σ はおよそ68％の確率でその値を満足し，3σ は99.7％以上の確率でその値を満足することを示す．

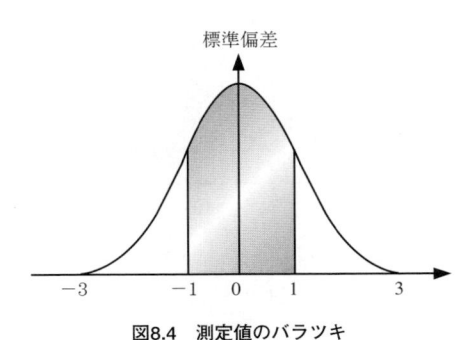

図8.4　測定値のバラツキ

Q.11　ウォームアップ時間と起動時間の違いは？

A　センサに電源を起動して出力を開始する時間を起動時間，性能を満足する時間をウォームアップ時間と定義している．起動時間とは，最初に電源が投入されてからセンサが仕様の有用な性能を発揮するまでの時間で，すべての仕様を満足するものではない．

Q.12　どの程度の周波数まで応答するのか？

A　ジャイロの種類や，付属する電子回路の設計によってに異なる．通常，アナログ出力のジャイロの場合，入力に対して出力の位相遅れが90°となる周波数を，周波数特性として定めている（**図8.5**）．

　ジャイロ本来の限界は，機械式ジャイロでは数Hz～数十Hz，ガスレートセンサでは数十Hz～百Hz，光ファイバジャイロでは数kHz程度といわれているが，実際にはノイズ低減のため多くは電子回路などによってその周波数帯域が制限されている．

周波数応答（計算値）

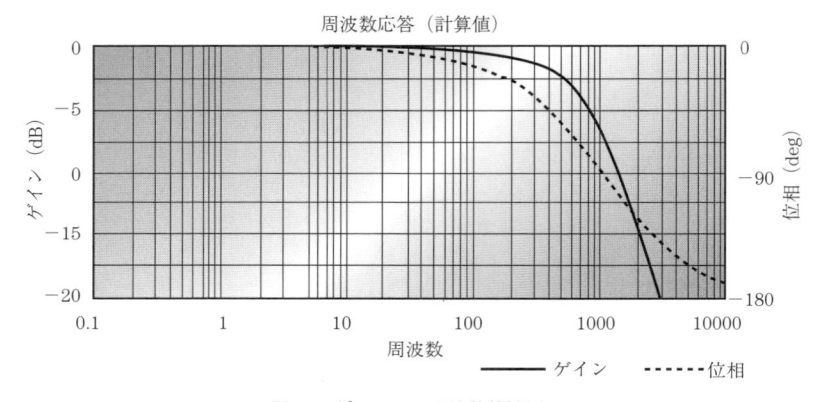

図8.5　ジャイロの周波数特性例

Q.13 デジタル出力の重みより，ジャイロの分解能が小さいのはどうして？

A これはジャイロの分解能が，デジタル出力の最小重み（LSB）より小さいときに見られる．たとえば，100dBのダイナミックレンジのジャイロ信号を，ジャイロの分解能以下でデジタルに割当てると，18bit以上が必要である．しかし，オーバーサンプリングの考え方を適用することで，ビット数より小さい分解能をもつジャイロの信号を扱うことが可能である．

デジタル信号のサンプリング1つを瞬間的にとらえると，LSBの重み分しか分解能はないが，この出力を平均または積分することにより，LSB以下の信号が測定できる．

これは，ジャイロが分解能に比べノイズが大きいためで，具体的には，最終的に必要な周波数特性以上の周波数で出力をオーバーサンプリングし，平均化または積分処理をする．つまり，平均または積分すること（つまり，周波数帯域を狭めること）で，デジタル出力のLSB以下でジャイロ分解能までの測定が可能となる（**図8.6**）．

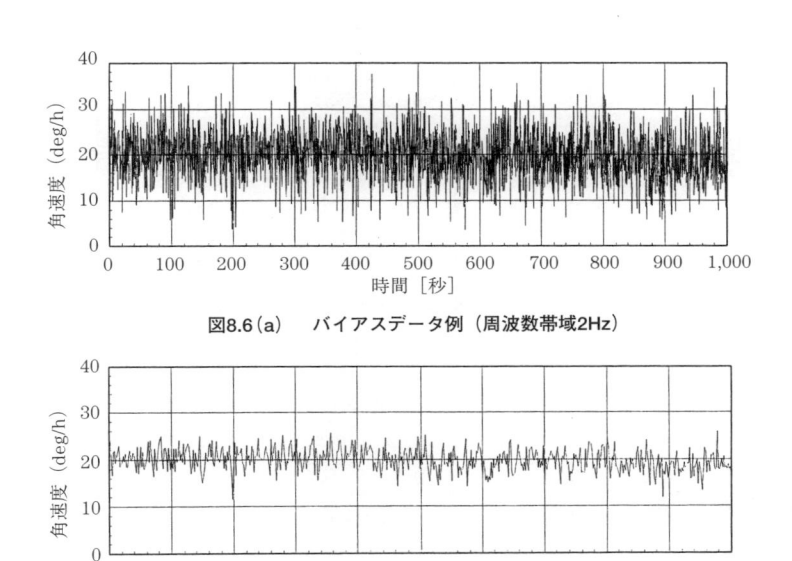

図8.6(a)　バイアスデータ例（周波数帯域2Hz）

（注）上記データを4回毎平均してプロット

図8.6(b)　バイアスデータ例（周波数帯域0.5Hz）

Q.14　デジタル出力の場合，周波数特性はどのように定義さるのか？

A　デジタル出力は離散的に出力するので，出力周期間隔の時間遅れとなって表われる．ゲインは，以下の式で表され，$1/(2T)$ 時で $-3.9\mathrm{dB}$ 低下する．

具体的には，**図8.7**の通りとなる．

なお，アナログ出力のセンサをA／Dコンバータでサンプリングする場合も同様であるが，サンプリングする前に最終的に得たい周波数特性に応じたローパスフィルタを挿入し，その周波数の2倍以上の周波数でサンプリングを行なわないと，デジタル信号特有のエイリアシングと呼ばれる現象で，信号を正しく再生できないことがあるので注意が必要である．

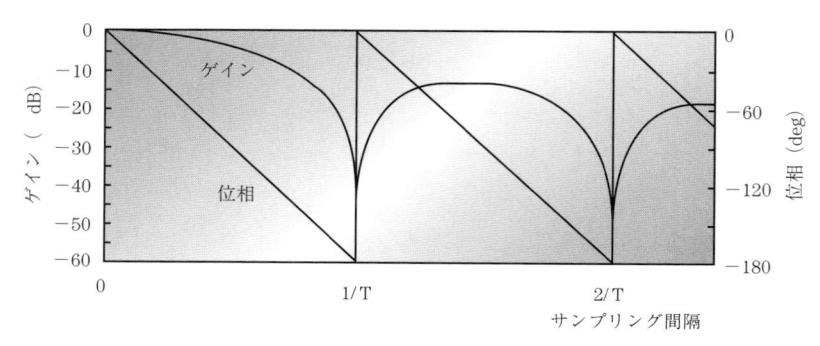

図8.7　サンプリング周期とゲインの関係

Q.15　G感（加速度感度）はあるの？

A　「マス」を用いている機械式ジャイロにはあるが，可動部をもたないガスレートセンサや光ファイバジャイロでは理論的にない．

一般的には，入力軸を重力方向とその反対方向にそれぞれ向けて測定し，2Gで除して求める方法のがよくとられる．ただし，姿勢による地球の自転成分の影響や，ドリフト，地球磁場を含めた磁気環境などの影響が含まれる場合があるので，これらを考慮した上で測定する必要がある．

Q.16　磁気感度はあるの？

A　ジャイロの性質上，磁気感度が存在するものがある．しかし，磁気シールドや種々の対策によって，最小限となるように工夫されている．

Q.17　電磁干渉の影響はあるの？

A　ジャイロの性質上，電磁干渉の影響を受けるものがある．しかし，シールドや種々の対策によって，最小限となるように工夫されている．

Q.18 ジャイロのヒステリシスとは？

🅐 メカ式ジャイロの仕様に示される用語である．メカ式ジャイロにはバネや軸受が用いられているので，バネ固有のヒステリシスおよび摩擦がジャイロの出力特性に現れているからである．

試験方法はバネのヒステリシス曲線を得る方法になるので，角速度を0から任意の一定角速度まで徐々に上げて0に戻し，つぎに反対回転の一定角速度まで徐々に上げてふたたび0に戻すという，1サイクルの試験で出力のヒステリ幅を求める．ただし，ドリフトなどと区別する必要がある．

バネを用いない光ファイバジャイロやガスレートセンサでは，原理的にヒステリシスはない．

Q.19 ジャイロの誤差要因として，どのようなことが考えられるのか？

🅐 ジャイロは種々の誤差要因に対する影響を，なるべく小さくなるように工夫されて設計されているが，完全に0ではない．最も影響を受けやすいものとして，温度，振動，電源ノイズなどの環境が挙げられる．

なるべく，これらの影響を受けにくいように設置することが大切である．

Q.20 ジャイロはメンテナンスが必要？

🅐 機械式ジャイロの場合，ベアリングなどの交換など定期的なメンテナンスが必要である．これに対して，可動部をもたないガスレートセンサや光ファイバジャイロでは，基本的にメンテナンスは不要である．

Q.21 ジャイロの寿命はどのくらい？

🅐 機械式ジャイロは，可動部であるベアリングが磨耗する．ベアリングの寿

命は数千時間程度であるが，これを定期的にメンテナンス（交換）することで，継続して使用することができる．

　一方，可動部をもたないジャイロ（ガスレートセンサや光ファイバジャイロ，リングレーザジャイロなど）は，ソリッドステートセンサとも呼ばれ，一般の電子機器と同等の寿命ともいわれる．しかし，光ファイバジャイロなど，使用する発光源の寿命が環境温度により大きく異なってくる場合があるので，配慮が必要である．

Q.22 ジャイロの較正はどうやって行なうの？

A　通常は，レートテーブル（角速度設定できる回転テーブル）で較正する．回転速度が安定したテーブルがあれば，角度と時間から角速度を計算することもできる．しかし，レートテーブルなどの機器がない場合，積分して角度として較正することが可能である．ただし，センサのオフセットや直線性誤差について考える必要がある．

8.2 ジャイロ技術Q&A（応用編）

Q.1 ジャイロはどんなところで使われているのか？

A ジャイロは回転する角速度および角度を測るものである．測定対象の回転半径が自由に変わる状況では，回転の中心にセンサを取付けることができない．そのような状況に合ったセンサが，ジャイロである．

回転の角速度や角度を測るものでは，他にタコジェネレータやエンコーダなどがあるが，これは回転する軸に取付ける必要がある．これに対し，ジャイロは回転中心に取付ける必要がないため，回転中心の軸が物理的に存在しないようなものを測定するのに有効である．

また，このようなものの運動を測るには，ジャイロしか手段がない．具体的には，飛行機の旋回，船の揺れ，自動車の挙動などの計測などによく使われている．

Q.2 レートセンサは回転中心に置く必要があるのか？

A レートセンサは，基本的に回転中心に置く必要はない．レートセンサは角速度を測定するものであって，角速度は回転中心でも，回転円周上でも同じだからである．ただし，G感ドリフトのあるセンサを使用する場合は，回転によって発生する遠心力によるG感ドリフトによる影響をなくすために，回転中心に近いほど誤差は少なくなる．

Q.3 どんなところに，どのようなジャイロを選定したら良いのか？

A システムや計測の精度，ジャイロの置かれる環境などを考慮して，適切に

選定をする必要がある．これについては，一概にいうことはできないが，筆者らのまとめではドリフト精度と用途，価格帯について，おおよそ図8.8のように想定している（2000年時）．

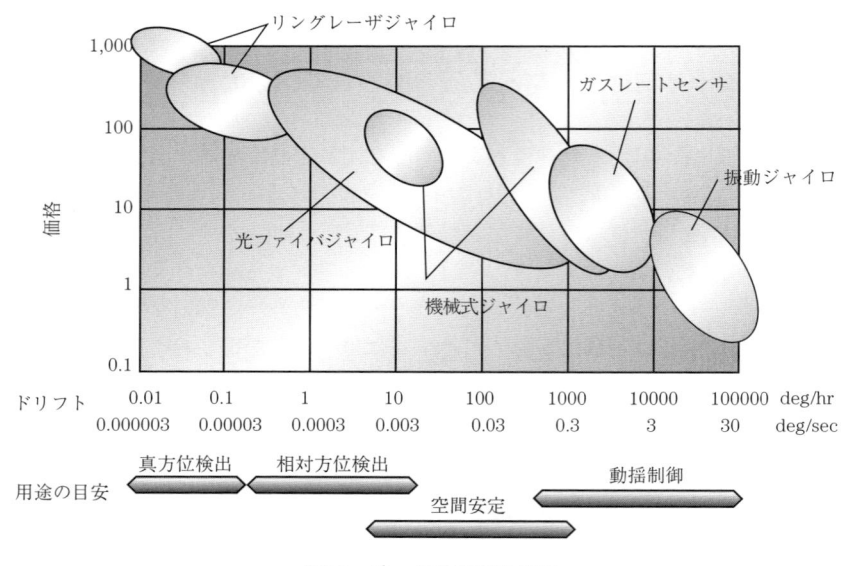

図8.8 ジャイロの精度と用途

Q.4 ジャイロの補正はなぜ必要か？

A ジャイロによっては，環境条件（温度，振動，加速度，磁気，電源変動）によって特性が変わるものがある．また，検出軸の取付誤差によって，ジャイロ出力に誤差が生じる．それは，このような誤差要因を補正することによって，精度を高めることができるからである．

ストラップダウン方式のシステムは，コンピュータを用いて演算処理を行なっている．このコンピュータを活用することによって，ジャイロが有する固有の誤差特性を所定の誤差方式に従って演算補正することができる．この方法を用いて，システム精度を上げることができる．

Q.5 ジャイロの環境誤差をできるだけ少なくするようなシステム構成とは？

Ⓐ 理想は環境変化が生じないように，完全なアイソレーションシステムの構築をすることであるが，現実には大変むずかしいため，環境に対するジャイロの特性補正をするという手法が多く使われている．

Q.6 振動の多い場所でジャイロを精度良く使うには？

Ⓐ 完全に平行な振動であればジャイロは検出しないが，実際には，完全に平行に振動しているものはほとんどなく，多少の角速度（角度の振幅）の発生がある．角速度があれば，レートジャイロはそれを検出する．特に振動周波数が高くなると，わずかな振幅でもジャイロの検出範囲を超えるような大きな角速度となり，この信号は誤差要因となる．

この振動により発生する角速度を下げるために，メカニカルアイソレーションが必要となる．具体的には，センサの取付マウントにダンパを入れるなどして，振動により発生する角速度をシャットアウトするなどの方法が多く用いられている．

Q.7 ジャイロで位置検出ができるそうですが，どんな原理？

Ⓐ 位置は加速度の二重積分により求められる．ただし，地球上の重力も加速度であるので，この影響をゼロにしなければならない．

そこで，安定な水平面上の加速度を積分して位置が求められるが，ジャイロはこの中で安定な水平面を築く役割をしている．

Q.8 角度を測るにはどうするの？

Ⓐ レートジャイロで測定される角速度信号を積分することによって，角度を

知ることができる．ただし，レートジャイロは動いたときの角速度を検出するので動いた角度しか求められない．したがって，角度は初期角度を設定して角速度の積分をする．傾斜には加速度計や傾斜計が，方位には磁気方位計などが初期角度の設定に用いられる．

Q.9 空間安定とはどういうことか？

A 空間を基準にして，安定面を築くということである．たとえば，ヘリコプタからのTV中継などで，ヘリコプタの下に半球状のものが付いているのを見かけることがあると思う．あの中にはジャイロが入っていて，ヘリの動きを検出してヘリが動いても，カメラが目的とする方向に常に向くような機構が組み込まれている．これが空間安定を利用した例である．

Q.10 ロール，ピッチ，ヨー軸の定義は？

A ロール，ピッチ，ヨーは機体に固定された機体座標 (x, y, z) において，それぞれ x, y, z 軸まわりの角度である．また慣性装置では水平基準座標に対して方位，ピッチ，ロールが用いられるが，機体座標と比較するとロール軸が一致する（図8.9）．

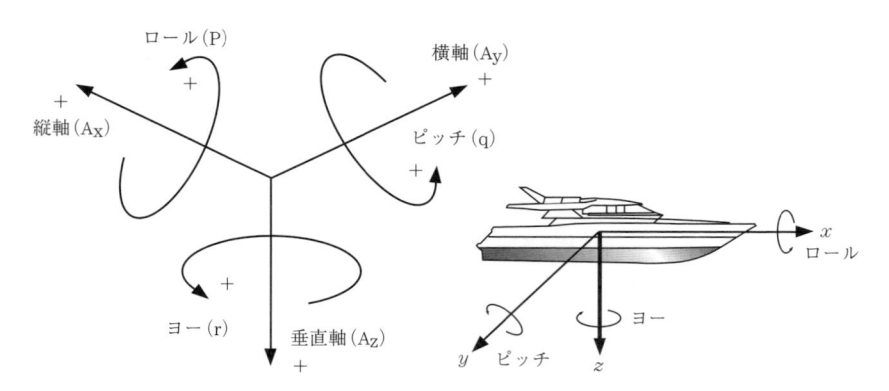

図8.9　座標の定義

Q.11 地球の自転が測れるって本当？

A 本当．地球の自転の角速度は約15deg/hrであるから，分解能が1deg/hrクラスのジャイロを使えば測ることができる．

ジャイロの姿勢・方位によって地球の自転角度成分が変わるので，高精度なジャイロを搭載した慣性装置は地球の自転補正をしている．

Q.12 ジャイロを用いて，地球の自転や真北を検出する方法は？

A 地球の自転成分と垂直成分は，つぎのように表される．
- ▶ 水平成分　$\omega_H = \Omega \cos \lambda \cos \psi$
- ▶ 垂直成分　$\omega_V = \Omega \sin \lambda$

水平成分の角速度は，回転テーブルを0から360°に一定回転で変えるとジャイロの角速度出力は図8.10のようになり，この信号から真方位角を推定することができる．

一方，垂直成分は，回転テーブルの回転によらず，一定角速度の出力となる．

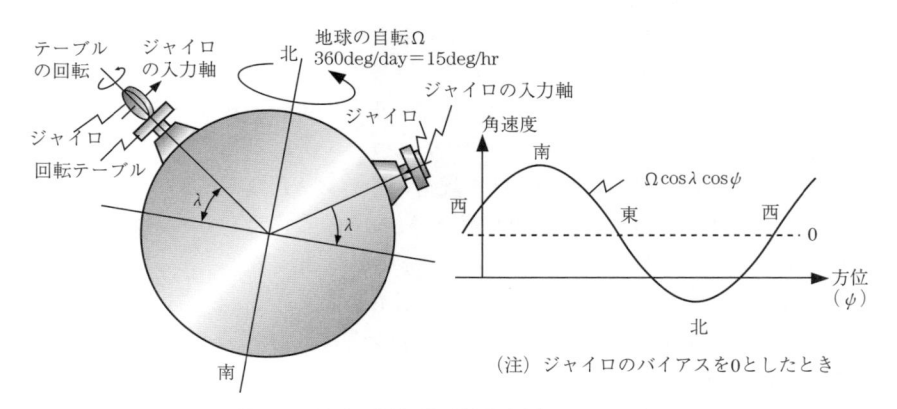

図8.10　地球の自転の測定方法とジャイロの出力

Q.13 慣性装置は，地球の自転などをどのように考慮すべきか？

A 取付姿勢（検出軸の向き）や，そのシステムの置かれた場所（緯度）などを考慮する必要がある．それは，位置や姿勢により地球の自転成分の影響の受け方が変わってくるからである．これらの場所情報を知るにはGPSなど，姿勢情報を知るには加速度計や傾斜計などが用いられる．

慣性装置では初期アライメントで，レベリングおよびジャイロコンパス機能によって水平面と真方位が構築されるので，地球の自転と速度の積から発生するコリオリ加速度を補正している．

Q.14 ジャイロはいくつ使えば良いのか？

A 1軸のレートジャイロの場合，1つのジャイロで測れる角速度はそのジャイロの検出軸まわりである．しかし，1つの角速度（角度）を計測するのに，1つのジャイロとは限らない．

無人搬送車などの，1つの拘束された水平な面の進行方向（相対的な方位角）を計測する場合は，ジャイロは1つで問題ない場合があるが，面が傾斜していたりすると，1つでは不十分である（計測精度にもよる）．

検出軸が重力方向からずれると，地球の自転成分の影響が方位によって変わったり，自転成分によるバイアス値も変わってくる．また，ヨー軸，ピッチ軸まわりを計測する場合は，自転成分の影響を正しく排除するために，方位角を知る手段が必要になる．

また，たとえば，車で路面の凸凹や坂道のやバンク角などによって，方位角と同時にピッチ角やロール角が変わった場合は3軸分必要である．まして，航空機や船などは3軸が大きく変動するため，3軸は当然必要である．また，姿勢角を知るには，加速度計，傾斜計，方位計も必要である．

なお，これらを制御系などに組み込む場合などは，万が一に備え，多重系を組むなどの配慮をお勧めする．

Q.15 カーナビゲーションシステムにジャイロが使われていると聞いたが,GPSだけではだめ？

A 使われる場合がある．常にGPSが受信できる場所であればジャイロは必要ないが，たとえば高架橋の下やビルの谷間，トンネル内などのGPSの電波が受信できないときには，自律航法の情報を得るための手段としてジャイロが補助的に用いられている．車の方位検出にジャイロを使ったものもある．

また，室内で使う無人搬送車などには，GPSの信号は利用できないので，ジャイロの信号などを用いて位置検出を行ない，無人走行をしているものがある．

Q.16 低精度のジャイロが,カーナビゲーションシステムに使える理由は？

A 一般的にカーナビゲーションシステムには，コストの問題などから高精度のジャイロは使われていない．

カーナビゲーションシステムに限らず，ジャイロを積分して角度を求める場合，単純にジャイロからの信号を積分するだけであると，バイアス誤差なども積分されて角度誤差が蓄積するので，高精度なジャイロがどうしても必要となる．

しかし，こういったシステムでは，定期的に信号を補正することで，ジャイロに対する精度を大幅に緩和することができる．たとえば，GPSからの位置情報や，基準ポイントを設けてそこで位置を補正することで，ジャイロの誤差をリセットすることができる．より高精度のジャイロを使えば，そのリセット間隔の時間を長くすることができる．

カーナビゲーションシステムでは，マップマッチングという方法（ジャイロやGPSの誤差を地図上の道路位置に補正する方法）で校正し，航空機の慣性航法装置は，あらかじめ位置のわかったマーク地点で慣性航法装置の情報を校正するという方式で成り立っている．

Q.17 加速度計をカーナビにどのように利用するの？

A GPSによらない自律航法のカーナビゲーションシステムでは，加速度計が準備されている場合がある．自律航法はジャイロだけでは成り立たない．ジャイロの信号から角度は割り出せるが，距離を知ることができない．

自律航法が可能なカーナビゲーションは，通常，車の速度センサから信号を取り込んで，それを積分することで距離情報を得るようにするが，速度センサからの配線作業が必要となる．一方，直線加速度は2回積分することで距離となるので，距離情報を得るために加速度計を用いる場合がある．

加速度計を用いることで，車体への速度センサの配線作業が不要となる．そのため，可搬式の自律航法が可能なナビゲーションシステムなどに，採用されている．

Q.18 慣性装置では，なぜジャイロの他に加速度計が必要なの？

A ジャイロは水平なステーブルプラットホームを作る役割がある．また，加速度計はステーブルプラットホームを水平にする役割と，加速度を二重積分して位置を求めるために用いられる．

加速度計は，加速度を測ることの他に，地球の重力（1G）を利用して，水平面からの絶対角度を求めたりすることができる．

角速度（レート）を計測するジャイロでは，回転する角速度を測ることはできるが，静止した角度を測ることができない．そのため，レートジャイロの信号を積分して角度を求める場合，その初期値を知るために加速度計や傾斜計，方位角センサなどを用いる．

また，これらはジャイロを積分した角度を付き合わせて，ジャイロの信号をリセットすることにも用いている．ジャイロ信号を積分した角度は，ジャイロの誤差の積分によりドリフトを生じるからである．

一方，傾斜計や加速度計は加速度による影響を受けて誤差を生じたり，応答性が悪いなどの特性がある．そのため，慣性装置ではジャイロの信号と加速度

計などの信号を適度な比率でミックスして，正しい姿勢や運動特性を得ている．ジャイロや加速度計などの精度や用途に応じて，たとえば，姿勢を測る場合は「レベリングモード，」運動特性を測る場合は「レート積分モード」などをミックスした設計がされている．

Q.19 慣性装置でのレベリングとレート積分モードとは？

A レベリングモードとは，ジャイロおよび加速度計で水平基準を構築するための，初期アライメント機能のことである．

レート積分モードとは，アライメントで得た水平基準の角度を初期化して，その後の姿勢はジャイロだけで水平基準を保つというモードである．

Q.20 慣性航法装置で速度はどうやって測るの？

A 安定プラットホーム上の加速度計の信号を積分することで，速度（直進）信号が得られる．

Q.21 慣性装置の性能を表すCEPの定義は？

A CEPは，Circular Error Probabilityの略で，半分の確率で精度が得られる範囲の半径を示す専門用語のことである．本来は，ミサイルなどが命中する確率を示す軍事用語である．

Q.22 宇宙空間でも使用できるの？

A 使用できる．すでに宇宙船の姿勢安定のために使用されている．

Q.23 慣性装置のアライメントとは，どういう意味？

A 初期姿勢を求めることをレベリングと呼び，真方位を求めることをジャイ

ロコンパシングと呼んでいる．この2つの動作を行なうことを，アライメントと呼んでいる．

Q.24 航空機の慣性航法装置のジャイロは，どの程度の精度？

Ⓐ 一般的に，0.001～0.01deg/hr程度のジャイロ性能といわれている．

Q.25 カーナビゲーションシステムのジャイロは，どの程度の精度？

Ⓐ 一般的に，0.1deg/s程度のジャイロ性能といわれている．

Q.26 カメラの手ぶれ防止に使われているジャイロは，どの程度の精度？

Ⓐ 一般的に，0.5deg/s程度のジャイロ性能といわれている．

Q27 ジャイロの検出範囲は，一般的にどれくらいあればよいの？

Ⓐ 用途によって異なる．たとえば，船の動揺では30deg/s，戦闘機では200deg/sなどである．

Q.26 地球上と宇宙空間でのジャイロや加速度計の作用の違いは？

Ⓐ 重力の差，放射線の有無などが異なる．

第9章

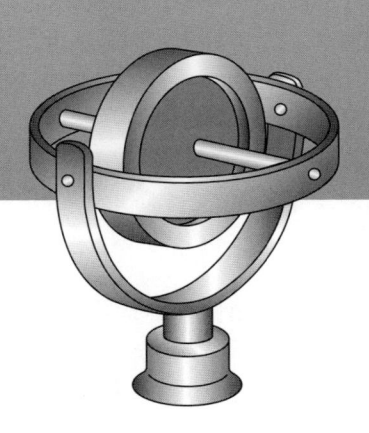

資料

9.1 モデル方程式

資料1　RGのモデルの方程式

1自由度ジャイロに関するモデルの方程式は，ジャイロに印加される各種の入力に対するジャイロの出力の関係を数学的に説明する一連の式として定められる．各項が角速度の次元をもち，角度が小さいと仮定したときに，スプリング拘束レートジャイロに関する仮定されたモデルの方程式は下記となる．

$$\frac{J}{H}\ddot{\theta}_o + \frac{C}{H}\dot{\theta}_o + \frac{K_r}{H}\theta_o$$

$$= \dot{\varphi}_i \qquad \text{IRAまわりのケース回転の効果}$$
$$- \dot{\varphi}_s(\theta_o + \varepsilon_o) \qquad \text{SRAまわりのケース回転の効果}$$
$$+ \dot{\varphi}_s \varepsilon_s - (J/H)\ddot{\varphi}_o \qquad \text{IRAおよびSRAに直交する軸まわりのケース回転の効果}$$
$$+ D_0 \qquad \text{非G感ドリフトレート}$$
$$+ D_{1i}a_i + D_{1s}a_s \qquad \text{G感ドリフトレート}$$
$$+ D_2 a_i a_s \qquad \text{G二乗感ドリフトレート}$$
$$+ K_t i \qquad \text{指令角速度}$$

ここで，

- J ＝ジンバル出力軸の慣性能率
- θ_o ＝ケースに対するジンバルの出力軸まわりの変位角
- C ＝ケースに対するジンバルの角速度に関する制動係数
- K_r ＝ケースに対するジンバルの角変位に関する弾性拘束係数
- H ＝角運動量
- $\dot{\varphi}_i$ ＝IRA軸まわりのケース角変位
- $\dot{\varphi}_s$ ＝SRA軸まわりのケース角変位
- $\dot{\varphi}_o$ ＝IRAおよびSRAに直交する軸まわりのケース角変位

D_o	＝加速度不感ドリフトレート係数（零オフセット）
D_{1i}	＝IAに沿った加速度に関する加速度受感ドリフトレート係数
D_{1s}	＝SAに沿った加速度に関する加速度受感ドリフトレート係数
a_i	＝IAに沿った直線加速度
a_s	＝SAに沿った直線加速度
D_2	＝SAに対するのIA加速度自乗受感ドリフトレート係数
K_t	＝指令角速度のスケールファクタ
i	＝トルカの指令電流
ε_0	＝$[d/dt(\Phi_i)=d/dt(\Phi_o)=d/dt(\Phi_s)=0]$のときに，SRAおよびIRAとSRAに直交する軸を含む平面，およびSAおよびIRAとSRAに直交する軸を含む平面との間のミスアライメント角
ε_s	＝SRAおよびIRAとSRAに直交する軸を含む平面，およびSAとOAを含む平面との間のミスアライメント角
$-(\theta_0+\varepsilon_0)$	$\cong$SRAまわりの角速度感受性
$+\varepsilon_s$	$\cong$OAまわりの角速度感受性
$-J/H$	＝OAまわりの角加速度感受性

すべての誤差項を無視すると，理想的なジャイロに関するモデルの方程式は，つぎのようになる．

$$\frac{J}{H}\ddot{\theta}_o+\frac{C}{H}\dot{\theta}_o+\frac{K_r}{H}\theta_o=\dot{\varphi}_i$$

(引用文献　IEEE Std 292)

資料2　RIGのモデルの方程式

1自由度レート積分ジャイロに関するモデルの方程式は，ジャイロに印加される各種の入力に対するジャイロの出力の関係を数学的に関連づけられる一連の式として定められる．各項が角速度の次元をもち，レート積分ジャイロに関する仮定されたモデルの方程式は下記となる．

$$\frac{J}{H}(\ddot{\Theta}_O + \ddot{\Phi}_O) + \frac{C}{H}\dot{\Theta}_O + \frac{K}{H}\Theta_O$$

$\quad = \omega_I$ 　　　　　　　　　入力軸まわりの慣性空間内の角速度

$\quad + D_F$ 　　　　　　　　　非G感ドリフトレート

$\quad + D_I a_I + D_O a_O + D_S a_S$ 　　G感ドリフトレート

$\quad + D_{II} a_I^2 + D_{SS} a_S^2 + D_{IS} a_I a_S + D_{IO} a_I a_O + D_{OS} a_O a_S$

　　　　　　　　　　　　　　　G二乗感ドリフトレート

$\quad + K_T i$ 　　　　　　　　指令角速度

ここで，

$\quad J$ 　＝ジンバル出力軸の慣性能率

$\quad \Theta_O$ 　＝ケースに対するジンバルの出力軸まわりの変位角

$\quad \Phi_O$ 　＝慣性空間に対するケースの出力軸まわりの変位角

$\quad C$ 　＝ケースに対するジンバルの角速度に関する制動係数

$\quad K$ 　＝ケースに対するジンバルの角変位に関する弾性拘束係数

$\quad H$ 　＝角運動量

$\quad i$ 　＝トルカの指令電流

$\quad K_T$ 　＝指令角速度のスケールファクタ

$\quad a_I$ 　＝IAに沿った直線加速度

$\quad a_O$ 　＝OAに沿った直線加速度

$\quad a_S$ 　＝SAに沿った直線加速度

$\quad D_F$ 　＝非G感ドリフトレート

$\quad D_I a_I$ 　＝IAに沿った加速度に関するG感ドリフトレート．ここで，D_I はドリフトレート係数

$\quad D_O a_O$ ＝OAに沿った加速度に関するG感ドリフトレート．ここで，D_O はドリフトレート係数

$\quad D_S a_S$ 　＝SAに沿った加速度に関するG感ドリフトレート．ここで，D_S はドリフトレート係数

$\quad D_{II} a_I^2$ ＝IAに沿った加速度に関するG二乗感ドリフトレート．ここで，D_{II} はドリフトレート係数

$D_{SS}a_S{}^2 =$ SAに沿った加速度に関するG二乗感ドリフトレート．ここで，D_{SS}はドリフトレート係数

$D_{IS}a_Ia_S =$ IAおよびSAに沿った加速度に関するG二乗感ドリフトレート．ここで，D_{IS}はドリフトレート係数

$D_{IO}a_Ia_O =$ IAおよびOAに沿った加速度に関するG二乗感ドリフトレート．ここで，D_{IO}はドリフトレート係数

$D_{OS}a_Oa_S =$ OAおよびSAに沿った加速度に関するG二乗感ドリフトレート．ここで，D_{OS}はドリフトレート係数

(引用文献　IEEE Std 517)

資料3　DTGのモデルの方程式

　捕捉モードにおけるDTGの2種類の相互に関係のあるモデルの方程式は，ケースの角運動および慣性加速度入力を，**図9.1**に規定されているダイナミック応答を有するサーボループを通して，帰還角速度のトルカ電流に関連づけている．DTGの動特性に矛盾しない符号の関連は，以下の通りである．すなわち，X軸トルカに印加された正の電流は，Y軸まわりの正の入力角速度と平衡し，またY軸トルカに印加された正の電流は，X軸まわりの負の入力角速度と平衡する．仮定されたモデルの方程式における各項は，角速度の次元をもっており，その方程式は下記となる．

●モデルの方程式
〈Y軸〉

$\frac{1}{H}[I\ddot{\theta}_x - C(\dot{\theta}_X - \dot{\theta}_x) - K_D(\theta_X - \theta_x) - K_Q(\theta_Y - \theta_y)]$

$= \omega_Y + \omega_X \beta + \omega_Z \gamma_X$ 　　　　入力角速度

$+ D_{(y)F}$ 　　　　非G感ドリフトレート

$+ D_{(y)X}a_X + D_{(y)Y}a_Y + D_{(y)Z}a_Z$ 　　　　G感ドリフトレート

$+ D_{(y)XZ}a_Xa_Z + D_{(y)YZ}a_Ya_Z$ 　　　　G二乗感ドリフトレート

$+ \frac{(J-I)}{H}\omega_y \omega_Z$ 　　　　不等慣性ドリフトレート

$+ \theta_x \omega_z$ 　　　　クロスカップリングドリフトレート

$- K_{TX}i_X$ 　　　　帰還角速度

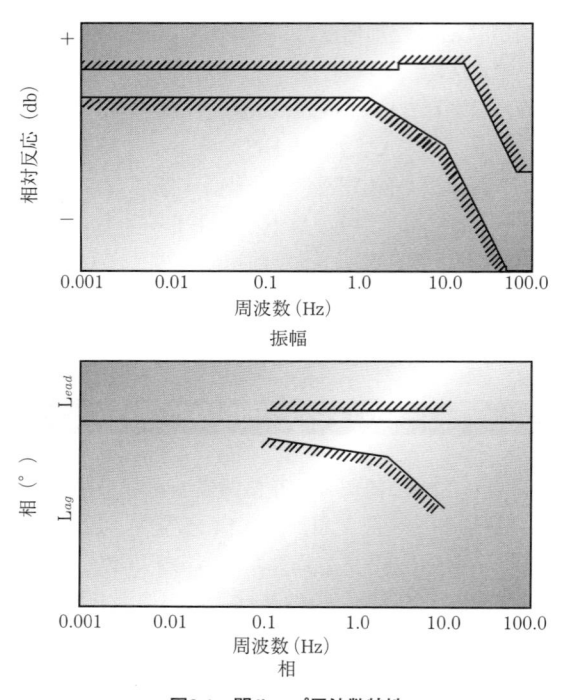

図9.1 閉ループ周波数特性

〈X軸〉

$$-\frac{1}{H}[I\ddot{\theta}_y - C(\dot{\theta}_Y - \dot{\theta}_y) - K_D(\theta_Y - \theta_y) + K_Q(\theta_X - \theta_x)]$$

$= \omega_X + \omega_Y a + \omega_Z \gamma_Y$ 　　入力角速度

$+ D_{(x)F}$ 　　　　　　　　　　非G感ドリフトレート

$+ D_{(x)X}a_X + D_{(x)Y}a_Y + D_{(x)Z}a_Z$ 　　G感ドリフトレート

$+ D_{(x)XZ}a_X a_Z + D_{(x)YZ}a_Y a_Z$ 　　G二乗感ドリフトレート

$+ \dfrac{(J-I)}{H}\omega_x \omega_Z$ 　　　　　　不等慣性ドリフトレート

$- \theta_y \omega_Z$ 　　　　　　　　　　クロスカップリングドリフトレート

$+ K_{TY} i_Y$ 　　　　　　　　　　帰還角速度

ここで，

I ＝ロータの実効横慣性能率

H ＝ロータの角運動量

θ_x＝慣性空間に対するx軸まわりのロータの角度変位

θ_X＝慣性空間に対するX軸まわりのケースの角度変位

θ_y＝慣性空間に対するy軸まわりのロータの角度変位

θ_Y＝慣性空間に対するY軸まわりのケースの角度変位

C ＝ロータのスピン軸に垂直な平面における軸まわりのロータの制動係数

K_D＝同相分スプリング率，$\Delta N / FOM$

Δ_N＝同調速度からの変位

FOM＝良好度

K_Q＝直交分スプリング率

$\omega_X, \omega_Y, \omega_Z$＝X，Y，Z軸まわりのケースの慣性空間に対する角速度

α＝ケースのX軸に関するZ軸まわりのYトルカ軸（X_T）のミスアライメント．正のミスアライメントは，Z軸まわりのX_Tの正の回転に一致する(**図9.2**)

β＝ケースのY軸に関するZ軸まわりのYトルカ軸（Y_T）のミスアライメント．正のミスアライメントは，Z軸まわりのY_Tの正の回転に一致する（図9.2）

γ＝Z軸に関するロータのスピン軸のミスアライメント(図9.2)

γ_X＝Z軸に関するX軸まわりのロータのスピン軸のミスアライメント．γ_Xはγの成分である．正のミスアライメントは，X軸まわりのsの正の回転に一致する（図9.2）

γ_Y＝Z軸に関するY軸まわりのロータのスピン軸のミスアライメント．γ_Yはγの成分である．正のミスアライメントは，Y軸まわりのsの正の回転に一致する（図9.2）

$D_{(y)X}a_X$＝X軸に沿った加速度を原因とすることができるy軸まわりのドリフトレート．ここで，$D_{(y)X}$はドリフトレート係数

$D_{(y)Y}a_Y$＝Y軸に沿った加速度を原因とすることができるy軸まわりのドリフトレート．ここで，$D_{(y)Y}$はドリフトレート係数

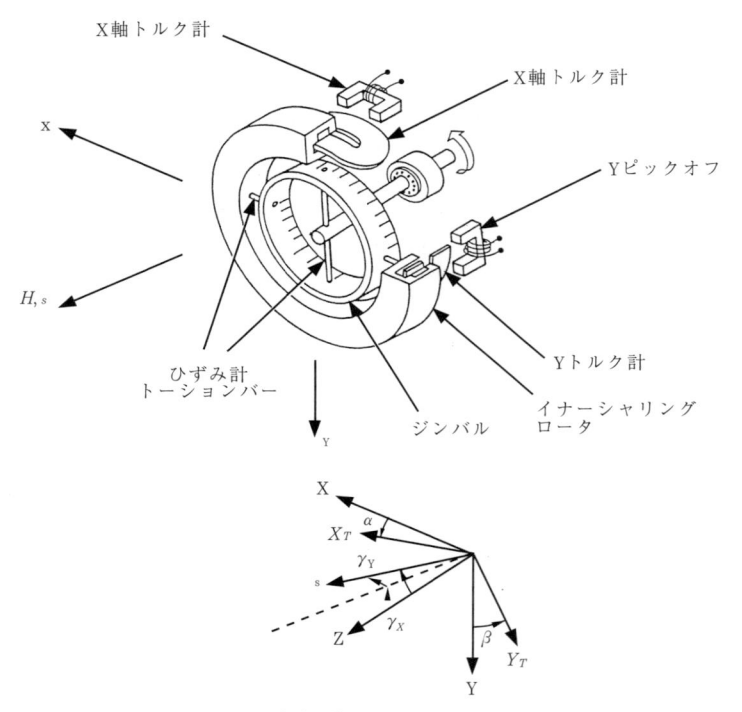

図9.2　DTGの機械的構成及びミスアライメント角度

$D_{(y)Z}a_Z$＝Z軸に沿った加速度を原因とすることができるy軸まわりのドリフトレート．ここで，$D_{(y)Z}$はドリフトレート係数

$D_{(x)X}a_X$＝X軸に沿った加速度を原因とすることができるx軸まわりのドリフトレート．ここで，$D_{(x)X}$はドリフトレート係数

$D_{(x)Y}a_Y$＝Y軸に沿った加速度を原因とすることができるx軸まわりのドリフトレート．ここで，$D_{(x)Y}$はドリフトレート係数

$D_{(x)Z}a_Z$＝Z軸に沿った加速度を原因とすることができるx軸まわりのドリフトレート．ここで，$D_{(x)Z}$はドリフトレート係数

$D_{(y)XZ}a_Xa_Z$＝X軸およびZ軸に沿った加速度を原因とすることができるy軸まわりのドリフトレート．ここで，$D_{(y)XZ}$はドリフトレート係数

$D_{(y)YZ}a_Y a_Z=$Y軸およびZ軸に沿った加速度を原因とすることができるy軸まわりのドリフトレート．ここで，$D_{(y)YZ}$はドリフトレート係数

$D_{(x)XZ}a_X a_Z=$X軸およびZ軸に沿った加速度を原因とすることができるx軸まわりのドリフトレート．ここで，$D_{(x)XZ}$はドリフトレート係数

$D_{(x)YZ}a_Y a_Z=$Y軸およびZ軸に沿った加速度を原因とすることができるx軸まわりのドリフトレート．ここで，$D_{(x)YZ}$はドリフトレート係数

$J=$ロータの有効な極慣性能率

$\omega_x,\ \omega_y=$xおよびy軸の慣性空間に関する角速度

$K_{TX},\ K_{TY}=(K_{TO}+K_{TN}+K_{TA}+K_{TC}(T-T_O))_{X,Y}$
     $=X$およびYの合成指令角速度のスケールファクタ

$K_{TO}=$帰還角速度のスケールファクタの名目値

$K_{TN}=$帰還角速度のスケールファクタの非直線性

$K_{TA}=$帰還角速度のスケールファクタの非対称性

$K_{TC}=$帰還角速度のスケールファクタの温度感度

$T\ =$ジャイロの温度

$T_O=$基準の温度

$i_{X,Y}=X$およびYのトルカの電流

このモデルの方程式に使用されている他の記号，および用語を以下に定める．

X, Y, Z＝ジャイロのケース軸（図9.2）．

$x,\ y=$スピン軸sに垂直な平面におけるロータ軸（非回転）（図9.2）

$a_X, a_Y, a_Z=$それぞれX，YおよびZ軸に沿った加速度の成分

つぎのようなDTGの他の誤差発生源が顕著な場合には，このモデルの方程式に追加される．

(1) ロータの不完全性：これはホイールの同期速度の1次（1N）あるいは2次（2N）の高調波の直線あるいは角度の動揺が，ジャイロに印加された場合には，ロータの半径方向の不平衡，ジンバルの振子性，あるいはスピン軸に垂直な平面におけるロータの慣性の非対称性は，顕著なドリフトレート誤差を発生させる可能性がある．

(2) フレクチャの不完全性：これは，つぎのような誤差を発生させる．

(a) 加速度入力（たとえば，重力）に対してジャイロの向きが変化する場合

に，ドリフトレート係数の変化
 (b) モデルの方程式に含まれるためには，十分に顕著ではない他の不等弾性，あるいは高次のドリフトの項（すなわち，比較的小さな従属的な項）

 (3) ピックオフおよびトルカの不完全性：これは大きなピックオフのオフセット（ロータの電気的なゼロと機械的な零位置との差）を発生させる可能性がある．これはジャイロの同調速度の変化に対して，ジャイロの感受性を増大させる．

 (4) 不等弾性あるいは高次のドリフト誤差を生ずる可能性のある発生源

 (5) DTGが同調速度で運転されていない場合の同調ずれ誤差：これは振動，加速度，温度変化，不適切なモータの電源周波数，その他により生ずる可能性がある．

（引用文献　IEEE Std 813）

資料4　FOGのモデルの方程式

1軸IFOGに関するモデルの方程式は，入力回転角速度とジャイロの出力との関係を，ジャイロの性能を規定するために必要な係数をもつパラメータの用語で表現され，下記となる．

(1) デジタル角速度検出モードにおいては

$$S_0(\Delta N / \Delta t) = [I + E + D][1 + 10^{-6} \varepsilon_K]^{-1}$$

　　ここで，
　　　　S_0＝公称スケールファクタ($''$/p)
　　($\Delta N / \Delta t$)＝出力パルス周波数(p/s)

(2) アナログ角速度検出モードにおいて

$$S_0 V = [I + E + D][1 + 10^{-6} \varepsilon_K]^{-1}$$

　　ここで，
　　　　S_0＝公称スケールファクタ(($°$/h)/V)
　　　　V＝アナログ出力(V)

$I=$ 慣性入力項（°/h）
$E=$ 環境による受感項（°/h）
$D=$ ドリフト項（°/h）
$\varepsilon_K=$ スケールファクタ誤差項（ppm）
$I = \omega_{IRA} + \omega_{XRA} \cdot \sin\Theta_Y - \omega_{YRA} \cdot \sin\Theta_X$
$E = D_T \Delta T + D_{\dot{T}}(dT/dt) + D_{\nabla\dot{T}} \cdot (d\nabla T/dt)$
$D = D_F + D_R + D_Q$

ここで，
$D_R = D_{RN} + D_{RB} + D_{RK} + D_{RR}$
$\varepsilon_K = \varepsilon_T \Delta T + f(I)$

$\omega_{IRA}, \omega_{XRA}, \omega_{YRA} =$ 慣性入力角速度をジャイロの基準座標軸に分解した各成分

$\Theta_X =$ 入力軸（IA）のXRAまわりのミスアライメント

$\Theta_Y =$ 入力軸（IA）のYRAまわりのミスアライメント

$D_F =$ バイアス

$D_T \Delta T =$ 温度変化ΔTに帰すことのできる角速度ドリフト．ここで，D_Tは角速度ドリフトの温度感受性係数

$E_T \Delta T =$ 温度変化ΔTに帰すことのできるスケールファクタ誤差．ここで，ε_Tはスケールファクタ誤差の温度感受性係数

$D_{\dot{T}}(dT/dt)=$ 温度傾斜誤差dT/dtに帰すことのできる角速度ドリフト．ここで，$D_{\dot{T}}$は角速度ドリフトの温度傾斜感受性係数

$\overline{D_{\nabla\dot{T}}} \cdot \dfrac{d\overline{\nabla T}}{dt} =$ 時間変化温度勾配$d\nabla T/dt$に帰すことのできる角速度ドリフト．ここで，$D_{\nabla\dot{T}}$は角速度ドリフトの時間変化温度勾配感受性係数ベクトル

$f(I)=$ 入力角速度に依存するスケールファクタ誤差

$D_{RN}=$ 角度のランダムウォークに帰すことのできる角速度ランダムドリフト．ここで，Nは係数

$D_{RB}=$ バイアス安定性に帰すことのできる角速度ランダムドリフト．ここで，Bは係数

$D_{RK}=$ 角速度のランダムウォークに帰すことのできる角速度ランダムドリフト．ここで，Nは係数

D_{RR} ＝傾斜ドリフトに帰すことのできる角速度ランダムドリフト．ここで，Rは係数

D_Q ＝角度の量子化に帰すことのできる等価角速度ランダムドリフト．ここで，Qは係数

電源電圧の変化，方向性，加速度，振動および他の特定の用途に関連した環境のような，他の感受性がモデルの方程式にさらに付加される．

（引用文献　IEEE Std 952）

資料5　RLGのモデルの方程式

リングレーザジャイロに関するモデルの方程式は，規定された時間間隔の間のジャイロの入力軸のまわりの角速度に対する出力パルスに関する式として表現され，下記となる．

$$[S_\circ + S(\omega_I) + S(T-T_\circ) + S(\Delta T)]\frac{N}{\Delta t} = D_F + D(T-T_\circ) + D(\Delta T) + D_R + \omega_I$$

ここで，

　　$S_\circ$＝ジャイロのスケールファクタの較正された値（″/p）

　$S(\omega_I)$＝入力軸（ω_I）のまわりの角速度により，実際のジャイロのスケールファクタの$S_\circ$からの変位を表す関数

ロックイン現象を取り除くことにより顕著に影響を受ける$S(\omega_I)$は，非線形で，不連続で，かつ非対称の可能性のあるω_Iの関数となりうる．この関数の温度，温度勾配および他の環境に対する感受性が考慮されなければならない．一般的に，$S(\omega_I)$に対する区分型の連続的な表現を得ることは可能である．

　$S(T-T_\circ)$＝基準温度からの温度変化の結果として，実際のジャイロのスケールファクタの$S_\circ$からの変位を表す関数

　　　　T＝ジャイロの温度（℃）

　　　$T_\circ$＝基準温度（℃）

$S(\Delta T)$＝ジャイロの主要な各軸を横切る温度勾配の結果として，実際のジャイロのスケールファクタのS_Oからの変位を表す関数

ΔT＝ジャイロを横切る温度勾配（すなわち，$\Delta T = [\Delta T_I, \Delta T_L, \Delta T_N]$）ここで，$\Delta T_I$は入力軸に沿った温度勾配の大きさ（$\Delta$℃）である．

N＝Δtの間のジャイロの出力パルスの正味の数

（1パルス以下の量子化誤差は，（N）の値の中に存在し得る）

Δt＝計測時間

D_F＝固定ドリフトレート（°／h）

$D(T-T_0)$＝基準温度からの温度変化の結果として，実際のジャイロのドリフトレートの変位を表す関数

$D(\Delta T)$＝ジャイロの主要な各軸を横切る温度勾配の結果として，実際のジャイロのドリフトレートの変位を表す関数

D_R＝時間Δtの間のランダムドリフト（ランダムノイズ），D_Rのrms値は$R_\theta \cdot (\Delta t)^{-\frac{1}{2}}$

R_θ＝角度ランダムウォークに関する係数（″／$\sqrt{s}$）[rms, 1σ]

ω_I＝入力軸まわりの角速度（°／h）

$\omega_I = \delta_{II} \cdot \omega_{IR} + \delta_{IL} \cdot \omega_{LR} + \delta_{IN} \cdot \omega_{NR}$

ここで，

ω_{IR}＝入力基準軸（IRA）まわりの角速度

ω_{LR}＝共通の電極基準軸（LRA）まわりの角速度

ω_{NR}＝法線基準軸（NRA）まわりの角速度

δ_{II}＝IAおよびIRAの間の角度の余弦

δ_{IL}＝IAおよびLRAの間の角度の余弦

δ_{IN}＝IAおよびNRAの間の角度の余弦

（引用文献　IEEE Std 647）

資料6　サーボ加速度計のモデルの方程式

　加速度計に関するモデルの方程式は，加速度計の入力基準軸に対して平行および直角に印加される加速度の各構成要素に対する加速度計の出力の関係を，数学的に関連する数式として定められる．サーボ加速度計に関する仮定したモデルの方程式は，下記となる．

$$A_{ind} = \frac{E}{K_1} = K_0 + a_i + K_2 a_i^2 + K_3 a_i^3 + \delta_o a_p \\ + K_{ip} a_i a_p - \delta_p a_o + K_{io} a_i a_o$$

ここで，

　　A_{ind}＝加速度計により指示される加速度（g）

　　　E＝加速度計の出力（出力単位）

　　　a_i＝印加された加速度の正の入力基準軸に沿った成分（g）
　　　　（下記注記参照）

　　　a_p＝印加された加速度の正の振子基準軸に沿った成分（g）
　　　　（下記注記参照）

　　　a_o＝印加された加速度の正の出力基準軸に沿った成分（g）
　　　　（下記注記参照）

　　　K_0＝バイアス（g）

　　　K_1＝スケールファクタ（出力単位／g）

　　　K_2＝2次の非線形係数（g/g^2）

　　　K_3＝3次の非線形係数（g/g^3）

　δ_o, δ_p＝それぞれ出力軸および振子軸まわりの入力基準軸に対する入力軸のミスアライメント（rad）

　K_{ip}, K_{io}＝クロスカップリング係数（(g/g)／$crossg$，すなわち，g/g^2）

（注記）加速度計は自由落下のときの加速度を検知できないので，印加される加速度は非重力的な加速のみに関連する．地球の領域にある加速度計の慣性質量にかかる重力の吸引力は，1gの上向きの加速度による慣性あるいは反発力と同じである．

モデルの方程式の各係数は，電圧，温度，時間，角速度などのような他の変数の関数となる．

　上記のいくつかの項は，削除されてもよい．あるいは，加速度計の形式およびその用途に適した他の項が追加されてもよい．十分な数の項のみが，加速度計の応答を適切に記述するように使用されなければならない．

　駆動する機能が局地重力ベクトルである場合には，姿勢の影響を含めて重力の大きさが場所とともに変化し，異なる試験場所において得られたデータを比較する場合には，重力の標準の値に対して計測された係数を基準化する必要があることに注意しなければならない．

(引用文献　IEEE Std 337)

9.2 ジャイロ関連製品

① ガスレートセンサ

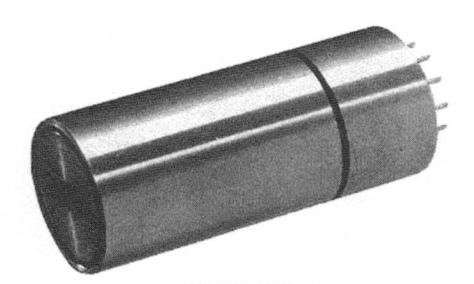

TA7033, TA7034

TA7220

主要諸元

型　式	TA7033	TA7034	TA7220
検出範囲	±100°/s	±200°/s	±100°/s（注1）
出力感度	50mV／°/s	25mV／°/s	10mV／°/s（注1）
オフセット	±5°/s以内	±10°/s以内	±100°/s 以内（注1）
分解能	0.05°/s	0.05°/s	0.05°/s（注1）
周波数特性	30Hz	50Hz	30Hz（注1）
電源条件	±15VDC，+5VDC		
質　量	70g	50g	20g
サイズ(mm)	φ25×75	φ25×65	φ14×25

（注1）TA7220の主要諸元が，駆動回路と組み合わせたものである．
　　　TA7220は，2軸の角速度検出が可能である．

② DTG

TA7128

TA7267

DTG駆動回路

主要諸元

型　式	TA7128（注1）	TA7267（注1）
検出範囲	±100°/s	±100°/s
出力感度	100mV／°/s	100mV／°/s
オフセット	±100°/h以内	±100°/h以内
分解能	0.004°/s	0.004°/s
電源条件	±15VDC, +5VDC	
周波数特性	60Hz	70Hz
質　量	90g	50g
サイズ(mm)	ϕ33×35	ϕ21.5×39

（注1）性能は，DTG駆動回路と組み合わせたときの値である．
　　　質量，サイズ(mm)は，駆動回路を除く．

③ FOG

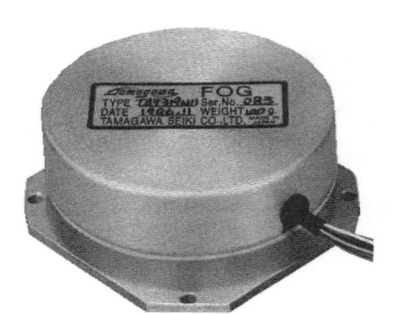

TA7319N1，TA7319N10

TA7392N2

主要諸元

型　　式	TA7319N1	TA7319N10	TA7392N2
検出範囲	$\pm 100°/s$	$\pm 20°/s$	$\pm 100°/s$
出力感度	$50mV/°/s$	$250mV/°/s$	$35mV/°/s$
オフセット	$\pm 100°/h$以内	$\pm 50°/h$以内	$\pm 100°/h$以内
分解能		$0.001°/s$	
周波数特性	1,000Hz	10Hz	65Hz
電源条件	$\pm 15VDC$, $+5VDC$		$+5VDC$
質　　量	100g		70g
サイズ(mm)	$\phi 70 \times 29$		$35 \times 35 \times 60$

④ バーチカルジャイロ

TA1401

主要諸元

形　　式	TA1401
鉛直起立精度	±0.5°以内
起動時間	10分
自由度	ピッチ：360° ロール：±70°
検出範囲	ピッチ，ロール：±70°
出力感度	$11.8 \times \sin\phi$ V（ϕ：姿勢角）
電源条件	ジャイロモータ：3相 115V, 400Hz 検出器，トルカ：単相 115V, 400Hz ブレーキ：26VDC
質　　量	3 kg
サイズ(mm)	ϕ120×140

⑤ コースジャイロ

TA1400

主要諸元

形　式	TA1400
ドリフト	静止時：±15arc min／分以内 動揺時：±5arc min／分以内 ただし，地球の自転は除く
起動時間	5分
自由度	ピッチ：±80° コース：360°
検出範囲	±180°（コース方向）
電源条件	ジャイロモータ：3相 115V，400Hz 検出器，トルカ：単相 115V，400Hz ブレーキ：26VDC
質　量	3.3kg
サイズ(mm)	ϕ120×210

⑥ レートジャイロ

TA7026

TA7341

主要諸元

型　　式	TA7026	TA7341
検出範囲	±6°/s	±30°/s
出力感度	666mV／°/s（注1）	200mV／°/s（注1）
オフセット	±0.1°/s以内	±0.4°/s以内
分解能	0.01°/s	0.01°/s
電源条件	AC26V，400Hz	
周波数特性		23Hz
質　　量	450g	280g
サイズ(mm)	52×50×85	38×50×70

（注1）2形式とも，機械式ジャイロとデモジュレータを内蔵し，DC電圧にて出力される．

⑦ 慣性計測装置

TA7400

TA7511N3

主要諸元

型　式	TA7400	TA7511N3
検出範囲	角速度：200°/s 角度：±180°（真方位） 　　　±180°（ロール） 　　　±90°　（ピッチ） 加速度：10G 対地速度：±750m/s	角速度：200°/s 角度：±180°（ヨー） 　　　±45°（ロール） 　　　±45°（ピッチ） 加速度：3G
精　度	±0.1°rms（ピッチ，ロール角） ±0.2°rms（真方位角）	角度精度：±0.2°rms （静的）
ウォームアップ時間	アライメント時間 5分静止（ノーマルアライン） 1.5分静止（ファーストアライン）	90秒
電源条件	21〜31VDC	24VDC
質　量	6.5kg	8kg
サイズ(mm)	178×178×320	220×210×220

⑧ バーチカルジャイロインジケータ

TA7313

主要諸元

型　式	TA7313
検出範囲	ロール：360°（エンドレス） ピッチ：CLIMB 100°，DIVE 70°
精　度	±0.5°
ウォームアップ時間	3.5分
電源条件	28VDC
質　量	1.1kg
サイズ(mm)	61×78×195

⑨ 加速度計

TA7119N100 　　　　　　　　TA7330

主要諸元

型　式	TA7119N100	TA7330
検出範囲	$\pm 200 \mathrm{m/s^2}$ (20G)	$\pm 20 \mathrm{m/s^2}$ (2G)
バイアス	$\pm 0.1 \mathrm{m/s^2}$ (0.01G)	$\pm 1 \mathrm{m/s^2}$ (0.1G)
分解能	$0.0001 \mathrm{m/s^2}$ (1μG)	$\pm 0.005 \mathrm{m/s^2}$ (0.5mG)
電源条件	± 15VDC	
質　量	65g	130g
サイズ(mm)	$\phi 38 \times 29$	$\phi 56 \times 45$

索引

あ

圧電型加速度計	90
圧電効果	90
圧電振動ジャイロ	60
アライメント	214
位相変調方式FOG	74
位置	112
移動によるドリフト	157
エキゾチックジャイロ	11
液体ロータ型角加速度計	95
液面傾斜計	87
SAW	93
SAW型加速度計	93
MEMS技術	16
LOS軸	181
エレクションコントロール	158
遠心力	26
円柱ロータ型角加速度計	96
オイラーの方程式	21
オイラー角	142
オフセット	196
オフセット電圧	58
音叉ジャイロ	12

か

角運動量保存則	20
角運動量	10, 19
角加速度計	89
角速度	194
角速度センサ	12
角度センサ	12
ガスレートジャイロ	12, 16
ガスレートセンサ	56
加速度	86, 89
加速度計	89
カメラスタビライザ	175
乾式ジャイロ	54
慣性力	112
慣性の法則	19
慣性基準装置	112, 117, 121, 136, 143
慣性航法方程式	148
慣性データ	112
地球ゴマ	10
機体座標	146
起動時間	102
共振型FOG	80
空間安定	208
空間安定装置	175
クロスカップリング	100
ケージング	43
傾斜計	86
検出範囲	99
光学式ジャイロ	16
航法座標	145
光路長	99
コリオリの力	12, 26, 59

さ

サーボ型加速度計	91
歳差運動	14
最大入力範囲	99
サニャック効果	12, 27
CEP	213
G感ドリフト	100
G二乗感ドリフト	100
磁気コンパスジャイロ	12
軸受	11
姿勢	112
姿勢・方位基準装置	118
姿勢方位基準装置	136
磁性流体型加速度計	92

索引

湿式ジャイロ ……………………………… 53
指北原理 …………………………… 47, 153
ジャイロ ………………………………… 10, 14
ジャイロコンパシング ……… 12, 136, 214
ジャイロコンパス   13, 14, 47, 136, 150
ジャイロスコープ …………………… 10, 14
ジャイロの基準 ……………………………… 12
ジャイロの基本特性 ……………………… 12
ジャイロの力 ………………………………… 22
周波数特性 ………………………… 100, 199
シューラ周期 ……………… 119, 133, 139
シューラチューニング ………………… 133
出力電圧傾度 ……………………………… 100
章動 ………………………………………… 14
振動ジャイロ ……………………………… 16
振動型加速度計 …………………………… 93
振動ジャイロ ………………………… 12, 59
ジンバル ……………………………… 10, 41
ジンバルロック …………………………… 42
垂直ジャイロ ……………………………… 12
スケールファクタ ……………………… 100
スタビライザ …………………………… 175
ステーブルプラットホーム ……………… 32
ストラップダウン方式…………… 33, 114
ストラップダウン用ジャイロ …………… 15
スレッショルド ………………………… 100
静的な角度センサ ………………………… 13
セロダイン方式FOG ……………………… 77
船舶用ジャイロコンパス ………………… 14

た
ダイナミカリー・チューンド・ジャイロ ……… 48
ダイナミックレンジ …………………… 129
力のモーメント …………………………… 20
地球中心慣性座標系 …………………… 145
地球中心固定座標系 …………………… 145
チューニング ……………………………… 48
チューンド・ドライ・ジャイロ …………… 48
チューンドジャイロ ……………………… 48
直線加速度計 ……………………………… 89
直線性 …………………………………… 100
地理座標 ………………………………… 145
DTG ……………………………………… 48
TDG ……………………………………… 48
ディレクショナルジャイロ ……………… 43
転輪ら針儀 ……………………………… 150
動的な角度センサ ………………………… 13
ドリフト ……………………… 41, 100, 129
トルカ ……………………………………… 92
トルキングレート ………………………… 47

な
ニューテーション ……………………… 14, 23
ニュートンの慣性の法則 ……………… 113
ヌル（Null） …………………………… 196

は
バーチカルジャイロ ……………… 45, 156
バーチカルジャイロインジケータ 150, 156
バイアス ………………………………… 196
ハイブリッド慣性航法装置 …………… 122
ハイブリッド航法 ……………………… 123
ハイブリッド航法装置 ………………… 143
半導体型加速度計 ………………………… 94
光ジャイロ …………………………… 12, 28
光ファイバジャイロ ……………………… 70
非G感ドリフト ………………………… 98, 100
ヒステリシス ……………………… 100, 203
ひずみゲージ ……………………………… 91
ピッチ …………………………………… 208
表面弾性波 ………………………………… 93
フィンスタビライザ …………………… 175
フーコー振子 ……………………………… 14
ブーメランの運動 ………………………… 23

複合航法装置 ………………………… 122, 143
フライホイール ………………………………… 18
プラットホーム座標 ………………………… 146
プラットホーム方式 ………………………… 114
プラットホーム用ジャイロ ………………… 15
フリージャイロ ………………………………… 42
振子型傾斜計 …………………………………… 87
プリセッション ………………… 14, 19, 23
プリセッション運動 ………………………… 23
フレクチャ ……………………………………… 48
フローティングジャイロ …………………… 11
分解能 …………………………… 100, 198
方位角 ………………………………………… 112

ま

マルチセンサ …………………………………… 62

ら

ランダムウォーク ………………………… 198
ランダムドリフト ………………………… 100
リピータビリティ ………………………… 130
流体式ジャイロ ……………………………… 16
レーザジャイロ ……………………… 27, 52
レート積分ジャイロ ………………………… 54
レート積分モード ………………………… 213
レバーアーム ………………………………… 135
レベリング ………………………… 12, 135
レベリングモード ………………………… 213
レベリングループ ………………………… 120
ロータ回転数 …………………………………… 98
ロータ角運動量 ………………………………… 98
6ポジションテスト ……………………… 108

わ

ワンダーアジマス座標 …………………… 145
ワンダーアジマス座標系 ………………… 145

執筆者略歴 (順不同)

坂本　修 (さかもと　おさむ)（第1章，第6章）
1965年　東京理科大学　理学部　物理学科卒業
同　年　多摩川精機㈱入社
　　　　入社以来30年にわたり，ジャイロおよび関連機器の研究・開発ならびに欧米の主要ジャイロメーカーとの技術交流・業務提携に従事．
現　在　ジャイロテック，同社代表

新井　昭文 (あらい　あきふみ)　（第5章，第7章）
1977年　静岡大学　工学部　電気工学科卒業
同　年　多摩川精機㈱入社　入社以来，電子装置の開発・設計に従事
現　在　多摩川精機販売㈱社長

山崎　喜一郎 (やまざき　きいちろう)（第4章，第9章1項）
1972年　山梨大学　工学部　精密工学科卒業
同　年　多摩川精機㈱入社　入社以来，慣性センサの開発・設計，製造に従事
現　在　多摩川ジャイロトロニクス㈱社長

熊谷　秀夫 (くまがい　ひでお)（第2章2.2項，第5章）
1982年　東京理科大学　理工学部　機械工学科卒業
同　年　多摩川精機㈱入社　入社以来，慣性航法装置に関する開発，設計に従事
現　在　多摩川精機㈱常務取締役

塩沢　龍雄 (しおざわ　たつお)（第1章1.3項，第2章）
1981年　横浜市立大学　文理学部　物理学科卒業
同　年　多摩川精機㈱　入社
現　在　多摩川精機㈱スペーストロニックス研究所誘導航法課勤務，慣性センサに関する開発，設計に従事

三村　道彦 (みむら　みちひこ)（第2章2.2項，第8章）
1986年　東京電機大学　工学部　応用理化学科卒業
同　年　多摩川精機㈱入社
現　在　多摩川精機㈱第一事業所官需製造部業務課勤務，修理品の工程管理に従事

古田　美直 (ふるた　よしなお)（第3章，第6章6.4項）
1988年　東海大学　工学部　動力機械工学科卒業
同　年　多摩川精機㈱入社
現　在　多摩川精機㈱第一事業所官需製造部特殊機器課勤務，特殊機器の製造に従事

【編者プロフィール】

多摩川精機（株）は1938年（昭和13年）の創業以来，自動制御技術の進化とともに歩み，インスツルメントモータ（制御用モータ，センサ，ジャイロなど）を主体とする，最先端技術に基づいた製品で産業界に貢献している．現在，産業用自動制御機器分野から，航空宇宙機器分野まで活躍の舞台を広げる中で，「自然にやさしい技術」をテーマとし，創業以来チャレンジし続けている「角度と位置精度への限りない追求」と，未来への「可能性をカタチに」をさらに推し進め，独自の技術とよりよい製品で産業の発展に努めている．

〒395-8515　長野県飯田市大休1879番地
Tel：0265-21-1800
URL：www.tamagawa-seiki.co.jp

【ポイント解説】
ジャイロセンサ技術

2011年4月10日　第1版1刷発行	ISBN 978-4-501-11550-0 C3054
2022年4月20日　第1版4刷発行	

編　者　多摩川精機（株）
　　　　Ⓒ Tamagawa Seiki Co., Ltd. 2011

発行所　学校法人　東京電機大学　〒120-8551　東京都足立区千住旭町5番
　　　　東京電機大学出版局　　　Tel. 03-5284-5386（営業）03-5284-5385（編集）
　　　　　　　　　　　　　　　　Fax.03-5284-5387　振替口座 00160-5-71715
　　　　　　　　　　　　　　　　https://www.tdupress.jp/

JCOPY ＜(社)出版者著作権管理機構　委託出版物＞
本書の全部または一部を無断で複写複製（コピーおよび電子化を含む）することは，著作権法上での例外を除いて禁じられています．本書からの複製を希望される場合は，そのつど事前に，(社)出版者著作権管理機構の許諾を得てください．また，本書を代行業者等の第三者に依頼してスキャンやデジタル化をすることはたとえ個人や家庭内での利用であっても，いっさい認められておりません．
[連絡先] Tel. 03-5244-5088, Fax. 03-5244-5089, E-mail：info@jcopy.or.jp

印刷：新灯印刷㈱　　製本：渡辺製本㈱　　装丁：右澤康之
落丁・乱丁本はお取り替えいたします．　　　　　　Printed in Japan

本書は，(株)工業調査会から刊行されていた第1版3刷をもとに，著者との新たな出版契約により東京電機大学出版局から刊行されたものである．

数学関係図書

電気・電子・情報系の
基礎数学Ⅰ
線形数学と微分・積分
安藤　豊／松田信行　共著　　A5判　288頁

本書は，電気・電子・情報系の大学や短大・高専向けの数学教科書・演習書である。「公式」「例題」「解説」の順序で学習を進めていく。

電気・電子・情報系の
基礎数学Ⅲ
複素関数と偏微分方程式
安藤　豊／中野　實　共著　　A5判　288頁

多くの題材を電気・電子・情報系から取り入れ，関連する第Ⅰ，Ⅱ巻の定理や公式等を参照しながら学習を進めていく。

大学新入生のための数学ガイド

大田琢也／桑田孝泰　共著　　B5判　160頁

初歩数学習得のための教材。多くの例題，演習問題で考え方と計算力を養成。微分積分学と線形数学の確実な理解を図る。

工科系数学セミナー
ベクトル解析入門

國分雅敏　著　　A5判　132頁

ガウスの発散定理やストークスの定理など基本定理を理解することを主軸にわかりやすく解説する。学校テキストや自習書として最適。

工科系数学セミナー
常微分方程式

鶴見和之ほか　共著　　A5判　184頁

微分積分学や線形代数学を学んだ学生のための常微分方程式のテキスト。多数の演習問題を通して，「解き方」が習得できる。

電気・電子・情報系の
基礎数学Ⅱ
応用解析と情報数学
安藤　豊／大沢秀雄　共著　　A5判　298頁

数学の理論的・抽象的な面をできるだけさけ，具体的な応用に重点を置いた教科書。内容を理解する上で重要と思われる事項に的を絞っている。

しっかり学ぶ線形代数

田澤義彦　著　　A5判　280頁

著者の長年にわたる教育経験にもとづき，学生のつまずきやすいところは懇切丁寧に解説を施した。さらに問題を多数掲載し充実した教科書である。

電気・電子の基礎数学

堀桂太郎／佐村敏治／椿本博久　共著　A5判　240頁

高専や大学で電気・電子を学ぶ人を対象にした「電気数学」の教科書。実際に電気数学の教鞭を取っている著者の経験を活かし執筆した。

工科系数学セミナー
フーリエ解析と偏微分方程式
第2版
数学教育研究会　編　　A5判　152頁

数学の厳密な論証よりも，公式を自由に使って理解することに重視した工科系の教科書。多数の問題は演習用としても役立ち，自学自習にも適する。

工科系数学セミナー
複素解析学

安達謙三ほか　共著　　A5判　144頁

複素数の導入から留数解析までに限定してまとめた。理工学の基本的な問題解決に応用でき，実践に役立つ。講習書として最適。

＊ 定価，図書目録のお問い合わせ・ご要望は出版局までお願いいたします。
URL　http://www.tdupress.jp/

理工学講座

基礎 電気・電子工学 第2版
宮入・磯部・前田 監修　A5判　306頁

改訂 交流回路
宇野辛一・磯部直吉 共著　A5判　318頁

電磁気学
東京電機大学 編　A5判　266頁

高周波電磁気学
三輪進 著　A5判　228頁

電気電子材料
松葉博則 著　A5判　218頁

パワーエレクトロニクスの基礎
岸敬二 著　A5判　290頁

照明工学講義
関重広 著　A5判　210頁

電子計測
小滝國雄・島田和信 共著　A5判　160頁

改訂 制御工学 上
深海登世司・藤巻忠雄 監修　A5判　246頁

制御工学 下
深海登世司・藤巻忠雄 監修　A5判　156頁

気体放電の基礎
武田進 著　A5判　202頁

電子物性工学
今村舜仁 著　A5判　286頁

半導体工学
深海登世司 監修　A5判　354頁

電子回路通論 上／下
中村欽雄 著　A5判　226／272頁

画像通信工学
村上伸一 著　A5判　210頁

画像処理工学
村上伸一 著　A5判　178頁

電気通信概論 第3版
荒谷孝夫 著　A5判　226頁

通信ネットワーク
荒谷孝夫 著　A5判　234頁

アンテナおよび電波伝搬
三輪進・加来信之 共著　A5判　176頁

伝送回路
菊池憲太郎 著　A5判　234頁

光ファイバ通信概論
榛葉實 著　A5判　130頁

無線機器システム
小滝國雄・萩野芳造 共著　A5判　362頁

電波の基礎と応用
三輪進 著　A5判　178頁

生体システム工学入門
橋本成広 著　A5判　140頁

機械製作法要論
臼井英治・松村隆 共著　A5判　274頁

加工の力学入門
臼井英治・白樫高洋 共著　A5判　266頁

材料力学
山本善之 編著　A5判　200頁

改訂 物理学
青野朋義 監修　A5判　348頁

改訂 量子物理学入門
青野・尾林・木下 共著　A5判　318頁

量子力学概論
篠原正三 著　A5判　144頁

量子力学演習
桂重俊・井上真 共著　A5判　278頁

統計力学演習
桂重俊・井上真 共著　A5判　302頁

＊定価，図書目録のお問い合わせ・ご要望は出版局までお願いいたします。
URL　http://www.tdupress.jp/

学生のための情報テキスト

学生のための FORTRAN
秋冨 勝ほか 共著　B5判　180頁

学生のための C
中村隆一ほか 共著　B5判　160頁

学生のための 構造化 BASIC
若山芳三郎 著　B5判　152頁

学生のための Excel
若山芳三郎 著　B5判　168頁

学生のための Excel VBA
若山芳三郎 著　B5判　128頁

学生のための C++
中村隆一 著　B5判　216頁

学生のための Word & Excel
若山芳三郎 著　B5判　168頁

学生のための Word & Excel Office XP版
若山芳三郎 著　B5判　160頁

学生のための Word
若山芳三郎 著　B5判　124頁

学生のための Visual Basic
若山芳三郎 著　B5判　168頁

学生のための Visual Basic .NET
若山芳三郎 著　B5判　164頁

学生のための UNIX
山住直政 著　B5判　128頁

学生のための C&C++
中村隆一 著　B5判　216頁

学生のための Access
若山芳三郎 著　B5判　132頁

学生のための 基礎C++ Builder
中村隆一・山住直政 共著　B5判　192頁

学生のための 応用C++ Builder
長谷川洋介 著　B5判　222頁

学生のための 情報リテラシー
若山芳三郎 著　B5判　196頁

学生のための 情報リテラシー Office XP版
若山芳三郎 著　B5判　196頁

学生のための インターネット
金子伸一 著　B5判　128頁

学生のための 情報リテラシー Office/Vista版
若山芳三郎 著　B5判　200頁

学生のための IT入門
若山芳三郎 著　B5判　160頁

学生のための 入門Java
中村隆一 著　B5判　168頁

学生のための 上達Java
長谷川洋介 著　B5判　226頁

学生のための Photoshop & Illustrator CS版
浅川 毅 監修　B5判　140頁

学生のための Excel & Access
若山芳三郎 著　B5判　184頁

学生のための 基礎C
若山芳三郎 著　B5判　128頁

学生のための 詳解C
中村隆一 著　B5判　200頁

学生のための OpenOffice.org
可知 豊 著　B5判　192頁

＊定価，図書目録のお問い合わせ・ご要望は出版局までお願いいたします。
URL　http://www.tdupress.jp/